从Python开始学编程

Vamei 著　　雷雨田 插画

電子工業出版社
Publishing House of Electronics Industry
北京•BEIJING

内 容 简 介

本书以 Python 为样本，不仅介绍了编程的基本概念，还着重讲解了编程语言的范式（面向过程、面向对象、面向函数），并把编程语言的范式糅在 Python 中，让读者不仅学会 Python，未来在学习其他编程语言时也变得更加容易。

图书在版编目（CIP）数据

从 Python 开始学编程 / Vamei 著. —北京：电子工业出版社，2017.1
ISBN 978-7-121-30199-5

Ⅰ. ①从… Ⅱ. ①V… Ⅲ. ①软件工具－程序设计 Ⅳ. ①TP311.56

中国版本图书馆 CIP 数据核字（2016）第 258912 号

责任编辑：安 娜
印　　刷：北京盛通商印快线网络科技有限公司
装　　订：北京盛通商印快线网络科技有限公司
出版发行：电子工业出版社
　　　　　北京市海淀区万寿路 173 信箱　　邮编：100036
开　　本：787×980　1/16　　印张：13　　字数：162 千字
版　　次：2017 年 1 月第 1 版
印　　次：2020 年 3 月第 7 次印刷
定　　价：49.00 元

凡所购买电子工业出版社图书有缺损问题，请向购买书店调换。若书店售缺，请与本社发行部联系，联系及邮购电话：（010）88254888，88258888。

质量投诉请发邮件至 zlts@phei.com.cn，盗版侵权举报请发邮件至 dbqq@phei.com.cn。

本书咨询联系方式：010-51260888-819，faq@phei.com.cn。

前　　言

从读博士起，我对编程的兴趣忽然浓厚起来。当时做大规模并行运算，需要自己写很多程序和脚本。作为新进研究组的新人，我自觉负担起很多写程序的活儿。写得多了，兴趣也变得浓厚。

那个时候抓紧一切机会学习编程。在我读博的研究所里，有一位英国教授也喜欢编程。她叫爱玛·希尔（Emma Hill），教我们用编程语言处理地球科学的数据。有一天，我路过她的办公室。她问我最近的学习进度。

“准备学 Perl 呢，”我回答说，“感觉 Perl 在地理领域应用很广。”

“你为什么不学学 Python 呢？”爱玛问我，“这门语言发展很快。你学会了或许可以教教我。”

我之前听过 Python 的一些传闻，比如那句著名的“人生苦短，我用 Python”。但我担心 Python 在地球科学研究方面不如 Perl 积累深厚。有了爱玛的鼓励，我下定决心去研究 Python。Python 学起来确实很快。没过多久，我就可以用 Python 来解决我在科研中遇到的大部分问题了。记忆比较深刻的是，有一次下载来自美国研究所的一批气象数据。我用 Python

中的多线程并发下载，创造了大学中网络传输的纪录。学习加实践，让我爱上了这门语言。

随后，我开始写一系列博客，记录自己学习 Python 的过程。这一系列的文章叫“Python 快速教程”。我想在这些文章中呈现出 Python 简单易学的特点，以便让更多的人也来享受编程的乐趣。在写作过程中我意识到，要想讲明白一门编程语言，还要引入额外的背景知识。我的编程博客也从 Python 开始，拓展到网络协议、操作系统、算法、数据分析等方面。写的时间越长，收获的读者也越来越多。每当有人告诉我看着我的文章学会编程时，我总会感到惊喜。因此，我非常感谢爱玛给我推开的这扇门。

完成博士学业之后，我需要在科研和编程之间选择。由于编程带给我的美好体验，我毫不犹豫地选择了编程。将近三十岁的我，和二十出头的年轻人一起做产品、调试、debug。我必须要非常努力，才能赶上这群富有天赋而精力旺盛的年轻人。但我并不觉得辛苦。辛苦是学习的台阶。在编程中，我享受着脑细胞的疯狂激活，享受着未知错误的折磨，以及苦苦思索之后的豁然开朗。更棒的是，我的伙伴总是以乐观的态度来看待技术，以享受的心态来享受编程。我从中受益良多。更何况，计算机浪潮已经并将继续改变世界。我很幸运，能加入浪潮中。

“Python 快速教程”得到了不少编辑的认可。他们希望我能把博客文章改编成一本书。写书当然是莫大的荣幸，我很感谢每一位编辑的赏识。可在博士学业的压力下，我能抽出的时间实在有限。终于拖到博士毕业，我才开始认真整理之前的文章。把略显凌乱的博客文章改编成书，工作量比我想象的要大得多。在此期间，我也开始了一个新的项目，研发一款用于畜牧的智能芯片。生活的节奏又变得忙碌，能分给写书的时间大大减少。结果，从签合约到完稿，我花了超过半年的时间。幸好编辑安娜对我的拖延症格外包容。

这本书的最终诞生，有赖于许多人的支持。感谢父母对我的激励和教育，感谢妻子一直以来的陪伴。雷雨田绘制的精美插画，让枯燥的技术书变得生动有趣。在写作博客的过程中，许多读者都指正过文章中的错误，或者对写作方向提出建议。在成书过程中，王豪、周昕梓和黄杜立对文章进行审阅校正。正是因为他们的审阅校正，我才能放心地交稿。此外还有很多帮助过我的人，不能一一列举，只好一并表达感激。

在我现在的工作中，Python 依然占据着重要的地位。我会用 Python 进行网站开发和大数据分析，还会用 Python 来写一些在单片机上运行的脚本。当然，我也离不开其他语言，比如处理数据库的 SQL、编写安卓 App 的 Java、开发网页前端的 JavaScript 等。但 Python 让我爱上编程。我也希望，这本书能让读者也爱上 Python，并且继续像我的博客文章一样， 能帮助到那些想学习编程的人。在此存一个美好心愿。

Vamei

目　　录

第1章
用编程改造世界

本章将简要介绍计算机和编程的历史。从计算机出现以来，硬件性能得到飞跃式的发展。与此同时，编程语言也几经变迁，产生了多种编程范式。Python 语言以简洁灵活的特点，在诸多编程语言中打下一片天地。通过历史，我们不但能体验 Python 的特色，还能了解这门语言想要解决的痛点。本章将以一个简单的“Hello World!”程序结束，从此开启 Python 之旅。

1.1 从计算机到编程

人能运算和记忆，但更了不起的是善于借用工具。人类很早就开始利用方法和工具，辅助计算和记忆这样高度复杂的认知活动。古人用给绳子打结的方式来记录圈养的牛羊，我们的祖先很早就能以眼花缭乱的速度使用算盘。随着近代工业化的发展，社会对计算的需求越来越强烈。收税需要计算，造机器需要计算，开挖运河也需要计算。新的计算工具不断出现。利用对数原理，人们制造出计算尺。计算尺可以平行移动尺子来计算乘除法。19 世纪的英国人巴贝奇设计了一台机器，用齿轮的组合来进行高精度的计算，隐隐预示着机器计算的到来。20 世纪初有了机电式的计算机器。电动马达驱动变档齿轮“咯吱”转动，直到得到计算结果。

二战期间，战争刺激了社会的计算需求。武器设计需要计算，比如坦克的设计、潜艇的外形、弹道的轨迹。社会的军事化管理需要计算，比如火车调度、资源调配、人口动员。至于导弹和核弹这样的高科技项目，更需要海量的计算。美国研制原子弹的曼哈顿计划，除了使用 IBM 的计算机器外，还雇佣了许多女孩子进行手工运算。计算本身甚至可以成为武器。电影《模仿游戏》就讲述了英国数学家阿兰·图灵（Alan Mathison Turing）破解德国传奇密码机的故事。图灵的主要工具，就是机电式的计算机器。值得一提的是，正是这位图灵，提出了通用计算机的理论概念，为未来的计算机发展做好了理论准备。现在，计算机学科的最高奖项就以图灵命名，以纪念他的伟大贡献。德国工程师康拉德·楚泽（Konrad Zuse）发明的 Z3 计算机能编写程序。这看起来已经是一台现代计算机的雏形了。

计算工具的发展是渐进的。不过历史把第一台计算机的桂冠颁给了战后宾夕法尼亚大学研制的埃尼阿克（ENIAC，Electronic Numerical Integrator And Computer）。埃尼阿克借鉴了前任的经验，远非横空出世的奇迹。但它最重要的意义，是向人们展示了高速运算的可能性。首先它是一台符合图灵标准的通用计算机，能通过编程来执行多样的计算任务。其次，与机电式计算机器不同，埃尼阿克大量使用真空管，从而能快速运算。埃尼阿克的计算速度比之前的机电型机器提高了一千倍，这是一次革命性的飞跃。因此，即便计算辅助工具同样历史悠久，但人们仍认为埃尼阿克引领了一个新的时代——计算机时代。

从埃尼阿克开始，计算机经历了迅猛的发展。计算机所采用的主要元件，从真空管变成大规模集成电路。计算机的运算性能，每一两年的时间就会翻倍。但计算机的大体结构，都采用了冯·诺依曼体系。这一体系是长期演化的结果，但冯·诺依曼进行了很好的总结。按照冯·诺依曼的设计，计算机采用二进制运算，包括控制器、运算器、存储器、输入设备和输出设备五个部分，如图 1-1 所示。五个部分相互配合，执行特定的操作，即指令。这五个部分各有分工。

1. **控制器：**计算机的指挥部，管理计算机其他部分的工作，决定执行指令的顺序，控制不同部件之间的数据交流。

2. **运算器：**顾名思义，这是计算机中进行运算的部件。除加减乘除之类的算数运算外，还能进行与、或、非之类的逻辑运算。运算器与控制器一起构成了中央处理器（CPU，Central Processing Unit）。

3. **存储器：**存储信息的部件。冯·诺依曼根据自己在曼哈顿工程中的经验，提出了存储器不但要记录数据，还要记录所要执行的程序。

4. **输入设备：**向计算机输入信息的设备，如键盘、鼠标、摄像头等。

5. **输出设备：**计算机向外输出信息的设备，如显示屏、打印机、音响等。

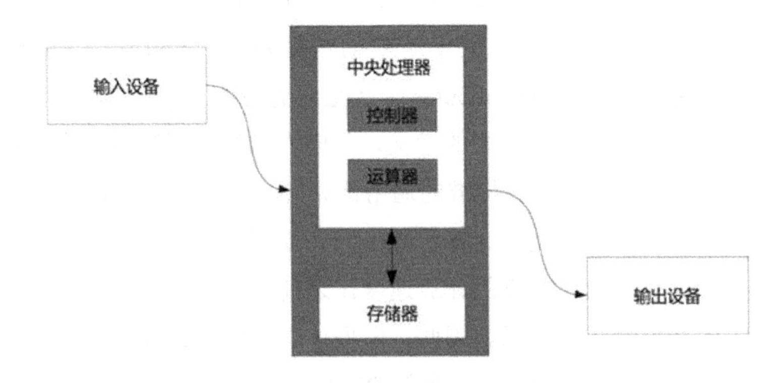

图 1-1　冯·诺依曼结构

人们最常想到的计算机是台式机和笔记本电脑。其实，计算机还存在于智能手机、汽车、家电等多种设备中。但无论外形如何多变，这些计算机都沿袭了冯·诺依曼结构。不过在具体细节上，计算机之间又有很大的差别。有的计算机使用了多级缓存，有的计算机只有键盘没有鼠标，有的计算机用磁带存储。计算机的硬件是一门很庞杂的学问。幸运的是，计算机用户大多不需要和硬件直接打交道。这一点是**操作系统**（Operating System）的功劳。

操作系统是运行在计算机上的一套软件，负责管理计算机的软硬件资源。有的时候我们请人修电脑，他可能会说“电脑需要重装一下”。这个“重装”，就是重新安装操作系统的意思。无论是微软的 Windows，还是苹果的 iOS，都属于操作系统。我们编程时，大多数时候都是通过操作系统这个“中间商”来和硬件打交道的。操作系统提供了一套**系统调用**（System Call），如图 1-2 所示，规定了操作系统支持哪些操作。当调用某个系统调用时，计算机会执行对应的操作。这就像是按下钢琴上的一个键，钢琴就会发出对应的音律一样。系统调用提供的功能非常基础，有时调用起来很麻烦。操作系统因此定义一些**库函数**（Library Routine），将系统调用组合成特定的功能，如同几个音律组成的和弦。所谓的编程，就是用这些音律和和弦，来组成一首美妙的音乐。

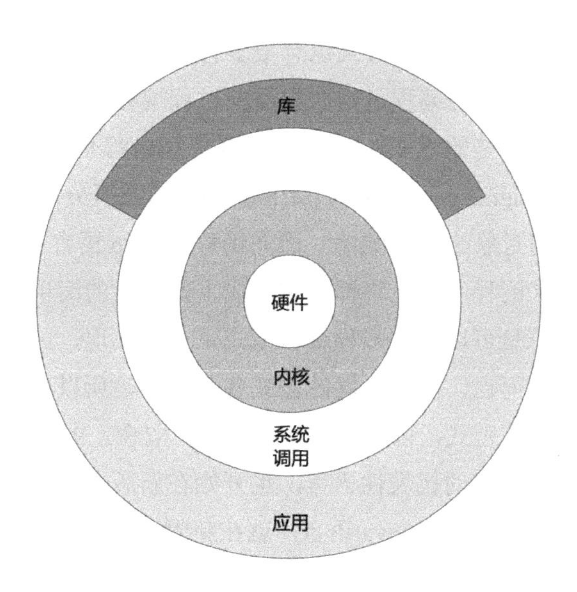

图 1-2　硬件、操作系统和应用程序的关系

1.2　所谓的编程，是做什么的

编程中总是在调用计算机的基本指令。如果完全用基础指令来说明所有的操作，代码将超乎想象的冗长。IBM 前总裁小沃森的自传中就提到，他看到一位工程师想要做乘法运算，输入程序用的打孔卡叠起来有 1.2 米高。幸好，程序员渐渐发现，许多特定的指令组合会重复出现。如果能在程序中复用这些代码，则可以节省很多工作量。复用代码的关键是**封装**（Packaging），即把执行特殊功能的指令打包成一个程序块，然后给这个程序块起个容易查询的名字。如果需要重复使用这个程序块，则

可以简单地通过名字调用。就好像食客在点菜时，只需告诉厨师做“鱼香肉丝”，而不需要具体说明要多少肉、多少调料、烹制多久一样。刚才提到的操作系统，就是将一些底层的硬件操作组合封装起来，供上层的应用程序调用。当然，封装是有代价的，它会消耗计算机资源。如果使用的是早期的计算机的话，封装和调用的过程会非常耗时，最终得不偿失。

封装代码的方式也有很多种。根据不同的方式，程序员写程序时要遵循特定的编程风格，如面向过程编程、面向对象编程和函数式编程。用更严格的术语来说，每种编程风格都是一种**编程范式**（Programming Paradigm）。编程语言开始根据编程范式区分出阵营，面向过程的 C 语言、面向对象的 Java 语言、面向函数的 Lisp 语言等。任何一种编程范式编写出来的程序，最终都会翻译成上面所述的简单功能组合。所以编程的需求总是可以通过多种编程范式来分别实现，区别只在于这个范式的方便程度而已。由于不同的范式各有利弊，所以现代不少编程语言都支持多种编程范式，以便程序员在使用时取舍。Python 就是一门多范式语言。某一范式的代表性语言，也开始在新版本中支持其他范式。原本属于面向对象范式的 Java 语言，就在新版本中也开始加入函数式编程的特征。

编程范式是学习编程的一大拦路虎。对于一个程序员来说，如果他熟悉了某一种编程范式，那么他就能很容易地上手同一范式的其他编程语言。对于一个新手来说，一头扎进 Python 这样的多范式语言，会发现同一功能有不同的实现风格，不免会感到困惑。一些大学的计算机专业课程，选择了分别讲授代表性的范式语言，比如 C、Java、Lisp，以便学生在未来学习其他语言时有一个好的基础。但这样的做法，会将学习过程拉得很漫长。在我看来，Python 这样的多范式语言提供了一个对比学习多种编程范式的机会。在同一语言框架下，如果程序员能清晰地区分出不同的编程范式，并了解各自的利弊，将起到事半功倍的效果。这也是本书中想要做到的，从面向过程、面向对象、函数式三种主流范式出发，在一本书的篇幅内学三遍 Python。这样的话，读者将不止是学会了一门 Python 语言，还能为未来学习其他语言打好基础。

学习了包括 Python 在内的任何一门编程语言后，就打开了计算机世界的大门。通过编程，你几乎可以发挥出计算机所有的功能，给创造力提供了广阔的施展空间。想到某个需求，比如统计金庸小说中的词频，自己就能写程序解决。有了不错的想法，例如想建立一个互助学习的网站，也可以立即打开电脑动手编写。一旦学会了编程，你会发现，软件主要比拼的就是大脑和时间，其他方面的成本都极为低廉。编写出的程序还会有许多回报。可以是经济性的回报，比如获得高工资，比如创立一家上市的互联网企业。也可以是声誉性的回报，比如做出了很多人喜爱的编程软件，比如攻克了困扰编程社区的难题等。正如《黑客与画家》一书中所说，程序员是和画家一样的创作者。无穷的创造机会，正是编程的一大魅力所在。

编程是人与机器互动的基本方式。人们通过编程来操纵机器。从 18 世纪的工业革命开始，人们逐渐摆脱了手工业的生产方式，开始转向机器生产。机器最开始用于棉纺工业，一开始纺出的纱线质量比不上手工纺制的。但机器可以昼夜工作，不知疲倦，产量也是惊人。因此，到了 18 世纪末，全球大部分的棉布都变成了机器生产。如今，机器在生活中已经屡见不鲜。人工智能这样的“软性机器”，也越来越多地进入生产和生活。工人用机器来制造手机、医生操纵机器来进行微创手术、交易员用机器进行高频的股票交易。残酷一点讲，对机器的调配和占有能力，将会取代血统和教育，成为未来阶级区分的衡量标准。这也是编程教育变得越来越重要的原因。

机器世界的变化，正在改变世界的工作格局。重复性工作消亡，程序员的需求量却在不断加大。很多人都在自学编程，以便跟上潮流。幸好，编程也变得越来越简单。从汇编语言，到 C 语言，再到 Python 语言，编程语言越来越亲民。以 Python 为例，在丰富的模块支持下，一个功能的实现只需要寥寥几个接口的调用，不需要费太多工夫。我们之前所说的封装，也是把功能给打包成规范的接口，让别人用起来觉得简单。编程用精准的机器为大众提供了一个规范化的使用接口，无论这个接口是快速安全的支付平台，还是一个简单快捷的订票网站。这种封装和接口的思维反映在社会生活的很多方面。因此，学习编程也是理解当代生活的一个必要步骤。

1.3 为什么学 Python

正如 1.2 节所说，高级语言的关键是封装，让程序编写变得简单。Python 正是因为在这一点上做得优秀，才成为主流编程语言之一。Python 的使用相当广泛，是 Google 的第三大开发语言，也是 Dropbox、Quora、Pinterest、豆瓣等网站主要使用的语言。在很多科研领域，如数学、人工智能、生物信息、天体物理等，Python 都应用广泛，渐有一统天下的势头。 当然，Python 的成功并非一蹴而就。它从诞生开始，已经经历了二三十年的发展。回顾 Python 的历史，我们不但可以了解 Python 的发展历程，还能理解 Python 的哲学和理念。

Python 的作者是**吉多・范・罗苏姆**（Guido von Rossum）。罗苏姆是荷兰人。1982 年，他从阿姆斯特丹大学（University of Amsterdam）获得了数学和计算机硕士学位。然而，尽管他算得上是一位数学家，但他更加享受计算机带来的乐趣。用他的话说，尽管拥有数学和计算机双料资质，但他总是趋向于做计算机相关的工作，并热衷于做任何和编程相关的活儿。

在编写 Python 之前，罗苏姆接触并使用过诸如 Pascal、C、Fortran 等语言。这些语言的关注点是让程序更快运行。在 20 世纪 80 年代，虽然 IBM 和苹果已经掀起了个人电脑浪潮，但这些个人电脑的配置在今天看来十分低下。早期的苹果电脑只有 8MHz 的 CPU 主频和 128KB 的内存，稍微复杂一点的运算就能让电脑死机。因此，当时编程的核心是优化，让程序能够在有限的硬件性能下顺利运行。为了增进效率，程序员不得不像计算机一样思考，以便能写出更符合机器口味的程序。他们恨不得用手榨取计算机的每一寸能力。有人甚至认为 C 语言的指针是在浪费内存。至于我们现在编程经常使用的高级特征，如动态类型、内存自动管理、面向对象等，在那个时代只会让电脑陷入瘫痪。

然而，以性能为唯一关注点的编程方式让罗苏姆感到苦恼。即使他在脑子中清楚知道如何用 C 语言来实现一个功能，但整个编写过程仍然需要耗费大量的时间。相对于 C 语言，罗苏姆更喜欢 Shell 实现功能的方式。UNIX 系统的管理员们常常用 Shell 去写一些简单的脚本，以进行一些系统维护的工作，比如定期备份、文件系统管理，等等。Shell 可以像胶水一样，将 UNIX 下的许多功能连接在一起。许多 C 语言下数百行的程序，在 Shell 下只用几行就可以完成。然而，Shell 的本质是调用命令，它并不是一个真正的语言。比如说，Shell 数据类型单一、运算复杂等。总之，Shell 不是一个合格的通用程序语言。

罗苏姆希望有一种通用程序语言，既能像 C 语言那样调用计算机所有的功能接口，又能像 Shell 那样轻松地编程。最早让罗苏姆看到希望的是 ABC 语言。ABC 语言是由荷兰的数学和计算机研究所（Centrum Wiskunde & Informatica）开发的。这家研究所是罗苏姆上班的地方，因此罗苏姆正好能参与 ABC 语言的开发。ABC 语言以教学为目的。与当时的大部分语言不同，ABC 语言的目标是“让用户感觉更好”。ABC 语言希望让语言变得容易阅读、容易使用、容易记忆和容易学习，以此来激发人们学习编程的兴趣。比如，下面是一段来自维基百科的 ABC 程序，这个程序用于统计文本中出现的词的总数：

```
HOW TO RETURN words document:
   PUT {} IN collection
   FOR line IN document:
```

```
        FOR word IN split line:
            IF word not.in collection:
                INSERT word IN collection
    RETURN collection
```

HOW TO 用于定义一个函数，ABC 语言使用冒号和缩进来表示程序块[1]，行尾没有分号，for 和 if 结构中没有括号。上面的程序读起来就像一段自然的文字。

尽管已经具备了良好的可读性和易用性，但 ABC 语言并未流行起来。在当时，ABC 语言编译器需要比较高配置的电脑才能运行。在那个时代，高配置电脑是稀罕物，其使用者往往精通计算机。这些人更在意程序的效率，而非语言的学习难度。除了性能，ABC 语言的设计还存在一些致命的问题：

- 可拓展性差。ABC 语言不是模块化语言。如果想在 ABC 语言中增加功能，比如对图形化的支持，就必须改动很多地方。
- 不能直接进行输入输出。ABC 语言不能直接操纵文件系统。尽管你可以通过诸如文本流的方式导入数据，但 ABC 语言无法直接读写文件。输入输出的困难对于计算机语言来说是致命的。你能想像一个打不开车门的跑车么？
- 过度革新。ABC 语言用自然语言的方式来表达程序的含义，比如上面程序中的 HOW TO（如何）。然而对于掌握了多种语言的程序员来说，他们更习惯用 function 或者 define 来定义一个函数。同样，程序员也习惯了用等号（=）来分配变量。革新尽管让 ABC 语言显得特别，但实际上增加了程序员的学习难度。

---

[1] 很多语言使用{}来表示程序块，比如 C、Java 和 JavaScript。

- 传播困难。ABC 编译器很大，必须被保存在磁带（tape）上。罗苏姆在学术交流时，就必须用一个大磁带来给别人安装 ABC 编译器。 这使得 ABC 语言很难快速传播。

1989 年，为了打发圣诞节假期，罗苏姆开始写 Python 语言的编译/解释器。Python 这个词在英文中的意思是蟒蛇。但罗苏姆选择这个名字的原因与蟒蛇无关，而是来源于他挚爱的一部电视剧[1]。他希望这个新的叫作 Python 的语言，能实现他的理念。也就是一种在 C 和 Shell 之间，功能全面、易学易用、可拓展的语言。罗苏姆作为一名语言设计爱好者，已经有过设计语言的的尝试。虽然上次的语言设计并不成功，但罗苏姆依然乐在其中。这一次设计 Python 语言，也不过是他又一次寻找乐趣的小创造。

1991 年，第一个 Python 编译/解释器诞生。它是用 C 语言实现的，能够调用 C 语言生成的动态链接库[2]。从一出生，Python 就已经具有了一直保持到现在的基本语法：类（class）、函数（function）、异常处理（exception）、包括表（list）和词典（dictionary）在内的核心数据类型，以及模块（module）为基础的拓展系统。

图 1-3 最初的 Python 图标

Python 语法很多来自 C，但又受到 ABC 语言的强烈影响。Python 像

---

[1] 这部电视剧是《蒙提・派森的飞行马戏团》（*Monty Python's Flying Circus*）。这部英国喜剧在当时广受欢迎。蒙提・派森是主创剧团的名字。Python 即来自这里的“派森”。

[2] 即.so 文件。

ABC 语言一样，比如用缩进代替花括号，从而保证程序更**易读**(readability)。罗苏姆认为，程序员读代码的时间要远远多于写代码的时间。强制缩进能让代码更清晰易读，应该予以保留。但与 ABC 语言不同的是，罗苏姆同样重视**实用性**（practicality）。在保证易读性的前提下，Python 会乖巧地服从其他语言中已有的一些语法惯例。Python 用等号赋值，与多数语言保持一致。它使用 def 来定义函数，而不是像 ABC 语言那样使用生僻的 HOW TO。罗苏姆认为，如果是“常识”上已确立的东西，就没有必要过度创新。

Python 还特别在意**可拓展性**（extensibility），这是罗苏姆实用主义原则的又一体现。Python 可以在多个层次上拓展。从高层上，你可以引入其他人编写的 Python 文件，来为自己的代码拓展功能。如果出于性能考虑，你还可以直接引入 C 和 C++语言编译出的库。由于 C 和 C++语言在代码方面的多年储备，Python 相当于站在了巨人的肩膀上。Python 就像是使用钢构建房一样，先规定好大的框架，再借着模块系统给程序员以自由发挥的空间。

最初的 Python 完全由罗苏姆本人开发。由于 Python 隐藏了许多机器层面上的细节，并凸显出了逻辑层面的编程思考，所以这个好用的语言得到了罗苏姆同事的欢迎。同事们在工作中乐于使用 Python，然后向罗苏姆反馈使用意见，其中不少人都参与到语言的改进。罗苏姆和他的同事构成了 Python 的核心团队，他们将自己大部分的业余时间都奉献给了 Python。Python 也逐渐从罗苏姆的同事圈传播到其他科研机构，慢慢用于学术圈之外的程序开发。

Python的流行与计算机性能的大幅提高密不可分。20 世纪 90 年代初，个人计算机开始进入普通家庭。英特尔发布了 486 处理器，成为第四代处理器的代表。1993 年，英特尔又推出了性能更好的奔腾处理器。计算机的性能大大提高。程序员不必再费尽心力提高程序效率，开始越来越关注计算机的易用性。微软发布 Windows 3.0 开始的一系列视窗系统，用方便的图形化界面吸引了大批普通用户。那些能快速生产出软件的语言成为新的明星，比如运行在虚拟机上的 Java。Java 完全基于面向对象的编程范式，能在牺牲性能的代价下，提高程序的产量。Python 的步伐落后于 Java，但它的易用性同样符合时代潮流。前面说过，ABC 语言失败的一个重要原因是硬件的性能限制。从这方面来说，Python 要比 ABC 语言幸运许多。

另一个悄然发生的改变是互联网。20 世纪 90 年代还是个人电脑的时代，微软和英特尔挟 PC 以令天下，几乎垄断了个人电脑市场。当时，大众化的信息革命尚未到来，但对于近水楼台的程序员来说，互联网已经是平日里常用的工具。程序员率先使用互联网进行交流，如电子邮件和新闻组。互联网让信息交流成本大大降低，也让有共同爱好的人能够跨越地理限制聚合起来。以互联网的通信能力为基础，**开源**（Open Source）的软件开发模式变得流行。程序员利用业余时间进行软件开发，并开放源代码。1991 年，林纳斯·托瓦兹在 comp.os.minix 新闻组上发布了 Linux 内核源代码，吸引了大批程序员加入开发工作，引领了开源运动的潮流。Linux 和 GNU 相互合作，最终构成了一个充满活力的开源平台。

罗苏姆本人也是一位开源先锋，他维护了一个邮件列表，并把早期的 Python 用户都放在里面。早期 Python 用户就可以通过邮件进行群组交流。这些用户大多都是程序员，有相当优秀的开发能力。他们来自许多领域，有不同的背景，对 Python 也提出了各种各样的功能需求。由于 Python 相当开放，又容易拓展，所以当一个人不满足于现有功能时，他很容易对 Python 进行拓展或改造。随后，这些用户将改动发给罗苏姆，由他决定是否将新的特征加入到 Python 中[1]。如果代码能被采纳，将会是

---

[1] 罗苏姆充当了社区的决策者。因此，他被称为仁慈的独裁者（Benevolent Dictator For Life）。在 Python 早期，不少 Python 追随者担心罗苏姆的生命。他们甚至热情讨论：如果罗苏姆出了车祸，Python 会怎样。

极大的荣誉。罗苏姆本人的角色越来越偏重于框架的制定。如果问题太复杂，则罗苏姆会选择绕过去，也就是**走捷径**（cut the corner），把其留给社区的其他人解决。就连创建网站[1]、筹集基金[2]这样的事情，也有人乐于处理。社区日渐成熟，开发工作被整个社区分担。

Python 的一个理念是**自带电池**（Battery Included）。也就是说，Python 已经有了功能丰富的模块。所谓模块，就是别人已经编写好的 Python 程序，能实现一定的功能。一个程序员在编程时不需要重复造轮子，只需引用已有的模块即可。这些模块既包括 Python 自带的标准库，也包括了标准库之外的第三方库。这些“电池”同样是整个社区的贡献。Python 的开发者来自于不同领域，他们将不同领域的优点带给 Python。Python 标准库中的正则表达（regular expression）参考了 Perl，函数式编程的相关语法则参考了 Lisp 语言，两者都来自于社区的贡献。Python 在简明的语法框架下，提供了丰富的武器库。无论是建立一个网站，制作一个人工智能程序，还是操纵一个可穿戴设备，都可以借助已有的库再加上简短的代码实现。这恐怕是 Python 程序员最幸福的地方了。

当然，Python 也有让人痛苦的地方。Python 当前最新的版本是 3，但 Python 3 与 Python 2 不兼容。由于很多现存的代码是 Python 2 编写的，所以从版本 2 到版本 3 的过渡并不容易。许多人选择了继续使用 Python 2。有人开玩笑说，Python 2 的版本号会在未来增加到 2.7.31415926。除了版本选择上的问题，Python 的性能也不时被人诟病。Python 的运算性能低于 C 和 C++，我们会在本书中提及其原因。尽管 Python 也在提高自身的性能，但性能的差距会一直存在。不过从 Python 的发展历史来看，类似的批判其实是吹毛求疵。Python 本身就是用性能来交换易用性，走的就是和 C、C++相反的方向。说一个足球前锋的守门技术不好，并没有太大

---

1 python.org

2 Python Software Foundation

的意义。

对于初学编程的人来说，从 Python 开始学习编程的好处很多，如上面已经提到的语法简单和模块丰富。国外许多大学的计算机导论课程，都开始选择 Python 作为课程语言，替代了过去常用的 C 或 Java。但如果把 Python 当作所谓的“最好的语言”，希望学一门 Python 就成为“万人敌”，则是一种幻想。每个语言都有它优秀的地方，但也有各种各样的缺陷。一个语言“好与不好”的评判，还受制于平台、硬件、时代等外部原因。更进一步，很多开发工作需要特定的语言，比如用 Java 来编写安卓应用，用 Objective-C 或 Swift 来编写苹果应用。无论从哪一门语言学起，最终都不会拘泥于初学的那门语言。只有博彩众家，才能让编程的创造力自由发挥。

1.4　最简单的 Hello World

Python 的安装很方便，可以参考本章的附录 A。运行 Python 的方式有两种。如果你想尝试少量程序，并立即看到结果，则可以通过**命令行**（Command Line）来运行 Python。所谓的命令行，就是一个等着你用键盘来打字的小输入栏，可以直接与 Python 对话。

按照附录 A 的方法启动命令行，就进入了 Python。通常来说，命令行都会有>>>字样的提示符，提醒你在提示符后面输入。你输入的 Python 语句会被 Python 的解释器（interpreter）[1]转化成计算机指令。我们现在执行一个简单的操作：让计算机屏幕显示出一行字。在命令行提示符后面输入下列文字，并按键盘上的回车键（Enter）确认：

```
>>>print("Hello World!")
```

[1] Python 的解释器是一个运行着的程序。它可以把 Python 语句一行一行地直接转译运行。

可以看到，屏幕上会随后显示：

```
Hello World!
```

输入的 print 是一个函数的名称。函数有特定的功能，print()函数的功能就是在屏幕上打印出字符。函数后面有一个括号，里面说明了想要打印的字符是"Hello World! "。括号里的一对双引号并没有打印在屏幕上。这一对双引号的作用是从 print 之类的程序文本中出标记出普通字符，以免计算机混淆。也可以用一对单引号替换双引号。

使用 Python 的第二种方式是写一个**程序文件**（Program File）。Python 的程序文件以.py 为后缀，它可以用任何文本编辑器来创建和编写。附录 A 中说明了不同操作系统下常用的文本编辑器。创建文件 hello.py，写入如下内容，并保存：

```
print("Hello World!")
```

可以看到，这里的程序内容和用命令行时一模一样。与命令行相比，程序文件适用于编写和保存量比较大的程序。

运行程序文件 hello.py，可以看到 Python 同样在屏幕上打印出了 Hello World!。程序文件的内容和命令行里敲入的内容一模一样，产生的效果也一样。与命令行直接输入程序相比，程序文件更容易保存和更改，所以常用于编写大量程序。

程序文件的另一个好处是可以加入**注释**（comments）。注释是一些文字，用来解释某一段程序，也方便其他程序员了解这段程序。所以，注释的内容并不会被当作程序执行。在 Python 的程序文件中，每一行中从#开始的文字都是注释，我们可以给 hello.py 加注释：

```
print("Hello World!")    # display text on the screen
```

如果注释的内容较多，在一行里面放不下，那么可以用**多行注释**（multiline comments）的方法：

```
"""
Author: Vamei
Function: display text on the screen
"""

print('Hello World!')
```

多行注释的标志符是三个连续的双引号。多行注释也可以使用三个连续的单引号。两组引号之间的内容，就是多行注释的内容。

无论是想要打印的字符，还是用于注释的文字，都可以是中文。如果在 Python 2 中使用中文，则需要在程序开始之前加上一行编码信息，以说明程序文件中使用了支持中文的 utf-8 编码。在 Python 3 中不需要这一行信息。

```
# -*- coding: utf-8 -*-

print("你好，世界！")   # 在屏幕上显示文字
```

就这样，我们写出了一个非常简单的 Python 程序。不要小看了这个程序。在实现这个程序的过程中，你的计算机进行了复杂的工作。它读取了程序文件，在内存中分配了空间，进行了许多运算和控制，最终才控制屏幕的显像原件，让它显示出一串字符。这个程序的顺利运行，说

明计算机硬件、操作系统和语言编译器都已经安装并设置好。因此，程序员编程的第一个任务，通常都是在屏幕上打印出 Hello World[1]。第一次遇见 Python 的世界，就用 Hello World 和它打声招呼吧。

附录 A　Python 的安装与运行

1. 官方版本安装

1）Mac

Mac 系统上已经预装了 Python，可以直接使用。如果想要使用其他版本的 Python，建议使用 Homebrew 安装[2]。打开终端（Terminal），在命令行提示符后输入下面命令后，将进入 Python 的可以互动的命令行：

```
$python
```

上面输入的 python 通常是一个软链接，指向某个版本的 Python 命令，如 3.5 版本。如果相应版本已经安装，那么可以用下面的方式来运行：

[1] Hello World!之所以流行，是因为它被经典编程教材《C 程序设计语言》用作例子。

[2] Homebrew 是 Mac 下的软件包管理工具，其官方网址为：http://brew.sh/。

```
$python3.5
```

终端会出现 Python 的相关信息，如 Python 的版本号，然后就会出现 Python 的命令行提示符>>>。如果想要退出 Python，则输入：

```
>>>exit()
```

如果想要运行当前目录下的某个 Python 程序文件，那么在 python 或 python3 后面加上文件的名字：

```
$python hello.py
```

如果文件不在当前目录下，那么需要说明文件的完整路径，如

```
$python /home/vamei/hello.py
```

我们还可以把 Python 程序 hello.py 改成一个可执行的脚本。只需在 hello.py 的第一行加上所要使用的 Python 解释器：

```
#!/usr/bin/env python
```

在终端中，把 hello.py 的权限改为可执行：

```
$chmod 755 hello.py
```

然后在命令行中，输入程序文件的名字，就可以直接使用规定的解释器运行了：

```
$./hello.py
```

如果 hello.py 在默认路径下，那么系统就可以自动搜索到这个可执行文件，就可以在任何路径下运行这个文件了：

```
$hello.py
```

2）Linux 操作系统

Linux 系统与 Mac 系统比较类似，大多也预装了 Python。很多 Linux 系统下都提供了类似于 Homebrew 的软件管理器，例如在 Ubuntu 下使用下面命令安装：

```
$sudo apt-get install python
```

在 Linux 下，Python 的使用和运行方式也和 Mac 系统下类似，这里不再赘述。

3）Windows 操作系统

对于 Windows 操作系统来说，需要到 Python 的官方网站[1]下载安装包。如果无法访问 Python 的官网，那么可以通过搜索引擎查找“python Windows 下载”这样的关键字，来寻找其他的下载源。安装过程与安装其他 Windows 软件类似。在安装界面中，选择 Customize 来个性化安装，除了选择 Python 的各个组件外，还要勾选：

```
Add python.exe to Path
```

安装好之后，就可以打开 Windows 的命令行，像在 Mac 中一样使用 Python 了。

[1] Python 官网：www.python.org。

2. 其他 Python 版本

官方版本的 Python 主要提供了编译/解释器功能。其他一些非官方版本则有更加丰富的功能和界面，比如更加友好的图形化界面、一个针对 Python 的文本编辑器，或者是一个更容易使用的模块管理系统，方便你找到各种拓展模块等。在非官方的 Python 中，最常用的有下面两个：

1）Anaconda[1]

2）Enthought Python Distribution（EPD）[2]

相对于官方版本的 Python 来说，这两个版本都更容易安装和使用。在模块管理系统的帮助下，程序员还可以避免模块安装方面的恼人问题。所以非常推荐初学者使用。Anaconda 是免费的，EPD 则对于学生和科研人员免费。由于提供了图形化界面，因此它们的使用方法也相当直观。我强烈建议初学者从这两个版本中挑选一个使用。具体用法可以参考官方文档，这里不再赘述。

附录 B　virtualenv

一台计算机中可以安装多个版本的 Python，而使用 virtualenv 则可给每个版本的 Python 创造一个虚拟环境。下面就使用 Python 附带的 pip[3]来安装 virtualenv：

```
$pip install virtualenv
```

[1] Anaconda 官网：www.continuum.io。

[2] EPD 官网：www.enthought.com/products/epd/。

[3] 将在第 3 章的附录部分进一步讲解 pip 的使用。

你可以为计算机中某个版本的 Python 创建一个虚拟空间，比如：

```
$virtualenv -p /usr/bin/python3.5 myenv
```

上面的命令中，/usr/bin/python3.5 是解释器所在的位置，myenv 是新建的虚拟环境的名称。下面命令可开始使用 myenv 这个虚拟环境：

```
$source myenv/bin/activate
```

使用下面命令可退出虚拟环境：

```
$deactivate
```

第 2 章

先做键盘侠

本章将讲述运算、变量、选择结构和循环结构。常见的高级语言都提供这些语法。利用这些语法，我们也能利用计算机实现一些小型的程序，从而让编程立即应用于生活。例如，平时做数学运算，可以习惯性地用 Python 的命令行做计算器。敲几行程序，实现一个小功能，就已经能让人享受编程的乐趣了。

2.1 计算机会算术

1. 数值运算

既然名为“计算机”，那么数学计算自然是计算机的基本功。Python 中的运算功能简单且符合直觉。打开 Python 命令行，输入如下的数值运算，立刻就能进行运算：

```
>>>1 + 9             # 加法。结果为 10
>>>1.3 - 4           # 减法。结果为-2.7
>>>3*5               # 乘法。结果为 15
>>>4.5/1.5           # 除法。结果为 3.0
>>>3**2              # 乘方，即求 3 的二次方。结果为 9
>>>10%3              # 求余数，就求 10 除以 3 的余数。结果为 1
```

有了这些基础运算后，我们就可以像用一个计算器一样使用 Python。以买房为例。一套房产的价格为 86 万元，购买时需要付 15%的税，此外还要向银行支付 20%的首付。那么我们可以用下面代码计算出需要准备的现金：

```
>>>860000*(0.15 + 0.2)  # 结果为 301000.0，即 30 万 1 千元
```

除了常见的数值运算，字符串也能进行加法运算。其效果是把两个字符串连成一个字符串：

```
>>>"Vamei say:" + "Hello World"  # 连接成"Vamei say:Hello World!"
```

一个字符串还能和一个整数进行乘法运算：

```
>>>"Vamei"*2                    # 结果为"VameiVamei"
```

一个字符串与一个整数 *n* 相乘的话，会把该字符串重复 *n* 次。

2. 逻辑运算

除了进行数值运算外，计算机还能进行逻辑运算。如果玩过杀人游戏，或者喜欢侦探小说，那么就很容易理解逻辑。就好像侦探福尔摩斯一样，我们用逻辑去判断一个说法的真假。一个假设性的说法被称为命题，比如说“玩家甲是杀手”。逻辑的任务就是找出命题的真假。

第 1 章中已经提到，计算机采用了二进制，即用 0 和 1 来记录数据。计算机之所以采用二进制，是有技术上的原因。许多组成计算机的原件，都只能表达两个状态，比如电路的开和关、或者电压的高和低。这样造出的系统也相对稳定。如果使用十进制，那么某些计算机原件就要有 10 个状态，比如把电压分成十个档。那样的话，系统就会变得复杂且容易出错。在二进制体系下，可以用 1 和 0 来代表“真”和“假”两种状态。在 Python 中，我们使用 True 和 False 两个关键字来表示真假。True 和 False 这样的数据被称为**布尔值**（Boolean）。

有的时候，我们需要进一步的逻辑运算，从而判断复杂命题的真假。比如第一轮时我知道了“玩家甲不是杀手”为真，第二轮我知道了“玩家乙不是杀手”也是真。那么在第三轮时，如果有人说“玩家甲不是杀手，而且玩家乙也不是杀手”，那么这个人就是在说真话。用“而且”连接起来的两个命题分别为真，那么整体命题就是真。无形中，我们进行了一次“与”的逻辑运算。在“与”运算中，两个子命题必须都为真时，用“与”连接起来的复合命题才是真。“与”运算就像是接连的两座桥，必须两座桥都通畅，才能过河，如图 2-1 所示。以“中国在亚洲，而且英国也在亚洲”这个命题为例。“英国在亚洲”这个命题是假的，所以整个命题就是假的。在 Python 中，我们用 and 来表示“与”的逻辑运算。

```
>>>True and True    # 结果为True

>>>False and True   # 结果为False

>>>False and False  # 结果为False
```

我们还可以用“或者”把两个命题复合在一起。与咄咄逼人的“而且”关系相比，“或者”显得更加谦逊。比如在“中国在亚洲，或者英国在亚洲”这个说法中，说话的人就给自己留了余地。由于这句话的前一半是对的，所以整个命题就是真的。“或者”就对应了“或”逻辑运算。在“或”运算中，只要有一个命题为真，那么用“或”连接起来的复合命题就是真。“或”运算就像并行跨过河的两座桥，任意一座通畅，就能让行人过河。

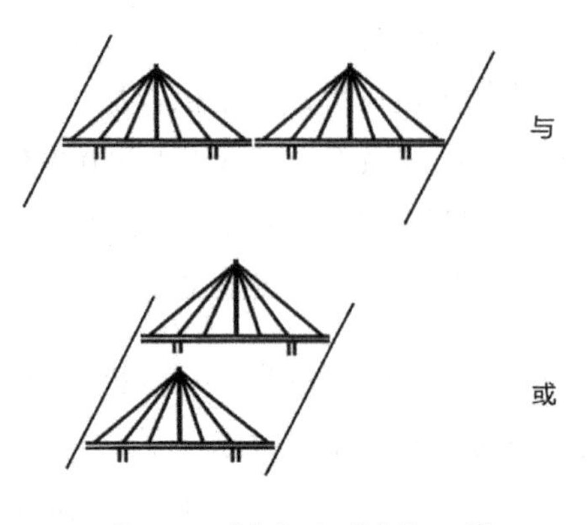

图 2-1　“与”和“或”运算

Python用or来进行“或”的逻辑运算。

```
>>>True or True   # 结果为True
>>>True or False  # 结果为True
>>>False or False # 结果为False
```

最后，还有一种称为非的逻辑运算，其实就是对一个命题求反。比如“甲不是杀手”为真，那么“甲是杀手”这个反命题就是假。Python使用not这个关键字来表示非运算，比如：

```
>>>not True  # 结果为False
```

3. 判断表达式

上面的逻辑运算看起来似乎只是些生活经验，完全不需要计算机这样的复杂工具。加入判断表达式之后，逻辑运算方能真正显示出它的威力。

判断表达式其实就是用数学形式写出来的命题。比如“1 等于 1”，写在Python里就是：

```
>>>1 == 1                # 结果为True
```

符号==表示了相等的关系。此外，还有其他的判断运算符：

```
>>>8.0 != 8.0            # !=, 不等于
>>>4 < 5                 # <, 小于
>>>3 <= 3                # <=, 小于或等于
>>>4 > 5                 # >, 大于
>>>4 >= 0                # >=, 大于等于
```

这些判断表达式都很简单。即使不借助 Python，也能很快在头脑中得出它们的真假。但如果把数值运算、逻辑运算和判断表达式放在一起，就能体现出计算机的优势了。还是用房贷的例子，房产价格 86 万元，税率 15%，首付 20%。假如我手里有 40 万元的现金。出于税务原因，我还希望自己付的税款低于 13 万元，那么是否还可以买这套房子？这个问题可以借用 Python 进行计算。

```
>>>860000*(0.15 + 0.2) <= 400000 and 860000*0.15 < 130000
```

答案是 True，可以买房！

4. 运算优先级

如果一个表达式中出现多个运算符，就要考虑运算优先级的问题。不同的运算符号优先级不同。运算符可以按照优先级先后归为：

```
乘方：**

乘除：*   /

加减：+   -

判断：==   >   >=   <   <=

逻辑：!   and   or
```

如果是相同优先级的运算符，那么 Python 会按照从左向右的顺序进行运算，比如：

```
>>>4 + 2 - 1          # 先执行加法，再执行减法。结果为 5
```

如果有优先级高的运算符，Python 会打破从左向右的默认次序，先执行优先级高的运算，比如：

```
>>>4 + 2*2            # 先执行乘法，再执行加法。结果为8
```

括号会打破运算优先级。如果有括号存在，会先进行括号中的运算：

```
>>>(4 + 2)*2            # 先执行加法，再执行乘法。结果为12
```

2.2 计算机记性好

1. 变量革命

上面的运算中出现的数据，无论是 1 和 5.2 这样的数值，还是 True 和 False 这样的布尔值，都会在运算结束后消失。有时，我们想把数据存储到存储器中，以便在后面的程序中重复使用。计算机存储器中的每个存储单元都有一个地址，就像是门牌号。我们可以把数据存入特定门牌号的隔间，然后通过门牌号来提取之前存储的数据。

但用内存地址来为存储的地址建索引，其实并不方便：

- 内存地址相当冗长，难以记忆。
- 每个地址对应的存储空间大小固定，难以适应类型多变的数据。
- 对某个地址进行操作前，并不知道该地址的存储空间是否已经被占用。

随着编程语言的发展，开始有了用变量的方式来存储数据。变量和内存地址类似，也起到了索引数据的功能。新建变量时，计算机在空闲的内存中开辟存储空间，用来存储数据。和内存地址不同的是，根据变量的类型，分配的存储空间会有大小变化。程序员给变量起一个变量名，在程序中作为该变量空间的索引。数据交给变量，然后在需要的时候通过变量的名字来提取数据。比如下面的 Python 程序：

```
v = "Vivian"
print(v)     # 打印出"Vivian"
```

在上面的程序中，我们把“Vivian”交给变量 *v* 保存，这个过程称为**赋值**（Assignment）。Python 中用等号=来表示赋值。借助赋值，一个变量就建立了。从硬件的角度来看，给变量赋值的过程，就是把数据存入内存的过程。变量就像能装数据的小房间，变量名是门牌号。赋值操作是让某个客人前往该房间。

“让 Vivian 入住到 v 字号房。”

在随后的加法运算中，我们通过变量名 *v* 取出了变量所包含的数据，然后通过 print()打印出来。变量名是从内存中找到对应数据的线索。有了存储功能，计算机就不会犯“失忆症”了。

“v 字号房住的是谁？”

“是 Vivian 呀。”

酒店的房间会有不同的客人入住或离开。变量也是如此。我们可以给一个变量赋其他的值。这样，房间里的客人就变了。

```
v = "Tom"
print(v)     # 打印出"Tom"
```

在计算机编程时，经常设置许多变量，让每个变量存储不同功能的数据。例如，电脑游戏中可能记录玩家拥有的不同资源的数目，就可以用不同的变量记录不同的资源。

```
gold  = 100    # 100个金子
wood  = 20     # 20个木材
wheat = 29     # 29个小麦
```

在游戏过程中，可以根据情况增加或者减少某种资源。例如，玩家选择伐木，就增加 5 个木材。这个时候，就可以对相应变量执行加 5 的操作。

```
wood  = wood + 5
print(wood)     # 打印出25
```

计算机先执行赋值符号右边的运算。原有的变量值加 5，再赋予给同一个变量。在游戏进行的整个过程中，变量 *wood* 起到了追踪木材数据的作用。玩家的资源数据被妥善地存储起来。

变量名直接参与运算，这是迈向抽象思维的第一步。在数学上，用符号来代替数值的做法称为代数。今天的很多中学生都会列出代数方程，来解决“鸡兔同笼”之类的数学问题。但在古代，代数是相当先进的数学。欧洲人从阿拉伯人那里学到了先进的代数，利用代数的符号系统，摆脱了具体数值的桎梏，更加专注于逻辑和符号之间的关系。在代数的基础上发展出近代数学，为近代的科技爆炸打下了基础。变量也让编程有了更高一层的抽象能力。

变量提供的符号化表达方式，是实现代码复用的第一步。比如之前计算购房所需现金的代码：

```
860000*(0.15 + 0.2)
```

当我们同时看多套房时，860000 这个价格会不断变动。为了方便，我们可以把程序写成：

```
total       = 860000
requirement = total*(0.15 + 0.2)
print(requirement)          # 打印结果 301000.0
```

这样，每次在使用程序时，只需更改 860000 这个数值就可以了。当然，我们还会在未来看到更多的复用代码的方式。但变量这种用抽象符号代替具体数值的思维，具有代表性的意义。

2. 变量的类型

数据可能有很多不同的类型，例如 5 这样的整数、5.9 这样的浮点数、True 和 False 这样的布尔值，还有第 1 章中见过的字符串"Hello World!"。在 Python 中，我们可以把各种类型的数据赋予给同一个变量。比如：

```
a = 5
print(a)                    # a 存储的内容为整数 5
a = "Hello World!"
print(a)                    # a 存储的内容变成字符串"Hello World!"
```

可以看到，后赋予给变量的值替换了变量原来的值。Python 能自由改变变量类型的特征被称为**动态类型**（Dynamic Typing）。并不是所有的语言都支持动态类型。在**静态类型**（Static Typing）的语言中，变量有事先说明好的类型。特定类型的数据必须存入特定类型的变量。相比于静态类型，动态类型显得更加灵活便利。

即使是可以自由改变，Python 的变量本身还是有类型的。我们可以用 type()这一函数来查看变量的类型。比如说：

```
var_integer = 10

print(type(var_integer))
```

输出结果是[1]：

```
<class 'int'>
```

int 是整数 integer 的简写。除此之外，还会有浮点数（Float）、字符串（String，简写为 str）、布尔值（Boolean，简写为 bool）。常见的类型包括：

```
>>>a = 100      # 整型

>>>a = 100.0    # 浮点型

>>>a = 'abc'    # 字符串。也可以使用双引号"abc"标记字符串。

>>>a = True     # 布尔值
```

计算机需要用不同的方式来存储不同的类型。整数可以直接用二进制的数字表示，浮点数却要额外记录小数点的位置。每种数据所需的存储空间也不同。计算机的存储空间以位（bit）为单位，每一位能存储一个 0 或 1 的数字。为了记录一个布尔值，我们只需让 1 代表真值，0 代表假值就可以。所以布尔值的存储只需要 1 位。对于整数 4 来说，变换成二进制是 100。为了存储它，存储空间至少要有 3 位，分别记录 1、0、0。

为了效率和实用性，计算机在内存中必须要分类型存储。静态类型语言中，新建变量必须说明类型，就是这个道理。动态类型的语言看起

[1] 如果是 Python 2.7，则结果为<type 'int'>。

来不需要说明类型，但其实是把区分类型的工作交给解释器。当我们更改变量的值时，Python 解释器也在努力工作，自动分辨出新数据的类型，再为数据开辟相应类型的内存空间。Python 解释器贴心的服务让编程更加方便，但也把计算机的一部分能力用于支持动态类型上。这也是 Python 的速度不如 C 语言等静态类型语言的一个原因。

3. 序列

Python 中一些类型的变量，能像一个容器一样，收纳多个数据。本小节讲的**序列**（Sequence）和下一小节的**词典**（Dictionary），都是容器型变量。我们先从序列说起。就好像一列排好队的士兵，序列是有顺序的数据集合。序列包含的一个数据被称为序列的一个**元素**（element）。序列可以包含一个或多个元素，也可以是完全没有任何元素的空序列。

序列有两种，**元组**（Tuple）和**列表**（List）。两者的主要区别在于，一旦建立，元组的各个元素不可再变更，而列表元素可以变更。所以，元组看起来就像一种特殊的表，有固定的数据。因此，有的翻译也把元组称为“定值表”。创建元组和表的方式如下：

```
>>>example_tuple = (2, 1.3, "love", 5.6, 9, 12, False)   # 一个元组
>>>example_list  = [True, 5, "smile"]                     # 一个列表
>>>type(example_tuple)   # 结果为'tuple'
>>>type(example_list)    # 结果为'list'
```

可以看到，同一个序列可以包含不同类型的元素，这也是 Python 动态类型的一个体现。还有，序列的元素不仅可以是基本类型的数据，还可以是另外一个序列。

```
>>>nest_list = [1,[3,4,5]]      # 列表中嵌套另一个列表
```

由于元组不能改变数据，所以很少会建立一个空的元组。而序列可以增加和修改元素，所以 Python 程序中经常会建立空表：

```
>>>empty_list = []              # 空列表
```

既然序列也用于储存数据，那么我们不免要读取序列中的数据。序列中的元素是有序排列，所以可以根据每个元素中的位置来找到对应元素。序列元素的位置索引称为**下标**（Index）。Python 中序列的下标从 0 开始，即第一个元素的对应下标为 0。这一规定有历史原因在里面，是为了和经典的 C 语言保持一致。我们尝试引用序列中的元素：

```
>>>example_tuple[0]    # 结果为2
>>>example_list[2]     # 结果为'smile'
>>>nest_list[1][2]     # 结果为5
```

表的数据可变更，因此可以对单个元素进行赋值。你可以通过下标，来说明想对哪个元素赋予怎样的值：

```
>>>example_list[1] = 3.0
>>>example_list                       # 列表第二个元素变成3.0
```

元组一旦建立就不能改变，所以你不能对元组的元素进行上面的赋值操作。

对于序列来说，除了可以用下标来找到单个元素外，还可以通过范围引用的方式，来找到多个元素。范围引用的基本样式是：

序列名[下限:上限:步长]

下限表示起始下标，上限表示结尾下标。在起始下标和结尾下标之间，按照步长的间隔来找到元素。默认的步长为 1，也就是下限和上限之间的每 1 个元素都会出现在结果中。引用的多个元素将成为一个新的序列。下面是一些范围引用的例子。

```
>>>example_tuple[:5]                # 从小标 0 到下标 4，不包括下标 5 的元素
>>>example_tuple[2:]                # 从下标 2 到最后一个元素
>>>example_tuple[0:5:2]             # 下标为 0，2，4 的元素。
>>>sliced = example_tuple[2:0:-1] # 从下标 2 到下标 1
>>>type(sliced)                     # 范围引用的结果还是一个元组
```

上面都是用元组的例子，表的范围引用效果完全相同。在范围引用的时候，如果写明上限，那么这个上限下标指向的元素将不包括在结果中。

此外，Python 还提供了一种尾部引用的语法，用于引用序列尾部的元素：

```
>>>example_tuple[-1]                # 序列最后一个元素
>>>example_tuple[-3]                # 序列倒数第三个元素
>>>example_tuple[1:-1]              # 序列的第二个到倒数第二个元素
```

正如 example_tuple[1:-1]这个例子，如果是范围引用，那么上限元素将不包含在结果中。

序列的好处是可以有序地储存一组数据。一些数据本身就有有序性，比如银行提供的房贷利率，每年都会上下浮动。这样的一组数据就可以存储在序列中：

```
interest_tuple = (0.01, 0.02, 0.03, 0.035, 0.05)
```

4. 词典

词典从很多方面都和表类似。它同样是一个可以容纳多个元素的容器。但词典不是以位置来作为索引的。词典允许用自定义的方式来建立数据的索引：

```
>>>example_dict = {"tom":11, "sam":57, "lily":100}
>>>type(example_dict)          # 结果为'dict'
```

词典包含有多个元素，每个元素以逗号分隔。词典的元素包含两部分，键（Key）和值（Value）。键是数据的索引，值是数据本身。键和值一一对应。比如上面的例子中，"tom"对应 11，"sam"对应 57，"lily"对应 100。由于键值之间的一一对应关系，所以词典的元素可以通过键来引用。

```
>>>example_dict["tom"]         # 结果为11
```

在词典中修改或增添一个元素的值：

```
>>>example_dict["tom"]   = 30
>>>example_dict["lilei"] = 99
>>>example_dict  # 结果为{"tom": 30, "lily": 100, "lilei": 99, "sam": 57}
```

构建一个新的空的词典：

```
>>>example_dict = {}
>>>example_dict              # 结果为{}
```

词典不具备序列那样的连续有序性，所以适于存储结构松散的一组数据。比如首付比例和税率可以存在同一个词典中：

```
rate = {"premium": 0.2, "tax": 0.15}
```

在词典的例子中，以及大部分的应用场景中，我们都使用字符串来作为词典的键。但其他类型的数据，如数字和布尔值，也可以作为词典的键值。本书将在后面讲解，究竟哪些数据可以作为词典的键值。

2.3 计算机懂选择

1. if 结构

到现在为止，我们看到的 Python 程序都是指令式的。在程序中，计算机指令都按顺序执行。指令不能跳过，也不能回头重复。最早的程序都是这个样子。例如要让灯光亮十次，就要重复写十行让灯亮的指令。

为了让程序能灵活，早期的编程语言加入了“跳转”的功能。利用跳转指令，我们就能在执行过程中跳到程序中的任意一行指令继续向下执行。例如，想重复执行，就跳到前面已经执行过的某一行。程序员为了方便，频繁地在程序中向前或向后跳转。结果，程序的运行顺序看起来就像交缠在一起的面条，既难读懂，又容易出错。

程序员渐渐发现，其实跳转最主要的功能，就是选择性地执行，或者重复执行某段程序。计算机专家也论证出，只要有了“选择”和“循环”两种语法结果，“跳转”就再无必要。两种结构都能改变程序执行的流程，改变指令运行的次序。编程语言进入到结构化的时代。相对于“跳转”带来的“面条式程序”，结构化的程序变得赏心悦目。在现代编程语言中，“跳转”语法已经被彻底废除。

我们先来看选择结构的一个简单的例子。如果一个房子的售价超过 50 万，那么交易费率为 1%，否则为 2%。我们用选择结构来写一个程序。

```
total = 980000
if total > 500000:
    transaction_rate = 0.01
else:
    transaction_rate = 0.02
print(transaction_rate)            # 打印0.01
```

在这段程序中，出现了我们没见过的 if...else...语句。其实这个语句的功能一读就懂。如果总价超过 50 万，那么交易费率为 1%；否则，交易费率为 2%。关键字 if 和 else 分别有隶属于它们的一行代码，从属代码的开头会有四个空格的缩进。程序最终会根据 if 后的条件是否成立，选择是执行 if 的从属代码，还是执行 else 的从属代码。总之，if 结构在程序中实现了分支。

if 和 else 后面可以跟不止一行的程序：

```
total = 980000
if total > 500000:                # 该条件成立
    print("总价超过50万")          # 执行这一句的打印
    transaction_rate = 0.01       # 设置费率为0.01
else:                             # else部分不执行
    print("总价不超过50万")
    transaction_rate = 0.02
print(transaction_rate)           # 结果为0.01
```

可以看到，同属于 if 或 else 的代码有四个空格的缩进。关键词 if 和 else 就像两个老大，站在行首。老大身旁还有靠后站的小弟。老大只有借着条件赢了，站在其身后的小弟才有机会亮相。最后一行 print 语句也站在行首，说明它和 if、else 两位老大平起平坐，不存在隶属关系。程序不需要条件判断，总会执行这一句。

else 也并非必需的，我们可以写只有 if 的程序。比如：

```
total = 980000
if total > 500000:
    print("总价超过 50 万")          # 条件成立，执行打印。
```

没有 else，实际上与空的 else 等价。如果 if 后的条件不成立，那么计算机什么都不用执行。

2. 小弟靠后站

用缩进来表明代码的从属关系，是 Python 的特色。正如我们在第 1 章中介绍的，用缩进来标记代码关系的设计源自 ABC 语言。作为对比，我们可以看看 C 语言的写法：

```
if ( i > 0 ) {
    x = 1;
    y = 2;
}
```

这个程序的意思是，如果变量 i 大于 0，我们将进行括号中所包括的两个赋值操作。在 C 语言中，用一个花括号来表示从属于 if 的代码块。一般程序员也会在 C 语言中加入缩进，以便区分出指令的从属关系。但缩进并非强制的。下面没有缩进的代码，在 C 语言中也可以正常执行，与上面程序的运行结果没有任何差别：

```
if ( i > 0 ) {
x = 1;
y = 2;
}
```

在 Python 中，同样的程序必须要写成如下形式：

```
if i > 0:
    x = 1
    y = 2
```

在 Python 中，去掉了 $i > 0$ 周围的括号，去除了每个语句句尾的分号，表示块的花括号也消失了。多出来了 if ...之后的:(冒号)，还有就是 x = 1 和 y =2 前面有四个空格的缩进。通过缩进，Python 识别出这两个语句是隶属于 if 的。为了区分出隶属关系，Python 中的缩进是强制的。下面的程序，将产生完全不同的效果：

```
if i > 0:
    x = 1
y = 2
```

这里，从属于 if 的只有 x=1 这一句，第二句赋值不再归属于 if。无论如何，y 都会被赋值为 2。

应该说，现在大部分的主流语言，如 C、C++、Java、JavaScript，都是用花括号来标记程序块的，缩进也不是强制的。这一语法设计源自于流行一时的 C 语言。另一方面，尽管缩进不是强制的，但有经验的程序员在用这些语言写程序时，也会加入缩进，以便程序更易读。很多编辑器也有给程序自动加缩进的功能。Python 的强制缩进看起来非主流，实际上只是在语法层面上执行了这一惯例，以便程序更好看，也更容易读。这种以四个空格的缩进来表示隶属关系的书写方式，还会在 Python 的其他语法结构中看到。

3. if 的嵌套与 elif

再回到选择结构。选择结构让程序摆脱了枯燥的指令式排列。程序的内部可以出现分支一样的结构。根据条件不同，同一个程序可以工作于多变的环境。通过 elif 语法和嵌套使用 if，程序可以有更加丰富多彩的分支方式。

下面一个程序使用了 elif 结构。根据条件的不同，程序有三个分支：

```
i = 1
if i > 0:                    # 条件 1。由于 i 为 1，这一部分将执行。
    print("positive i")
    i = i + 1
elif i == 0:                 # 条件 2。该部分不执行。
    print("i is 0")
    i = i*10
else:                        # 条件 3。该部分不执行。
    print("negative i")
    i = i - 1
```

这里有三个块，分别由 if、elif 和 else 引领。Python 先检测 if 的条件，如果发现 if 的条件为假，则跳过隶属于 if 的程序块，检测 elif 的条件；如果 elif 的条件还是假，则执行 else 块。程序根据条件，只执行三个分支中的一个。由于 *i* 的值是 *1*，所以最终只有 if 部分被执行。按照同样的原理，你也可以在 if 和 else 之间增加多个 elif，从而给程序开出更多的分支。

我们还可以让一个 if 结构嵌套在另一个 if 结构中：

```
i  = 5
if i > 1:                              # 该条件成立，执行内部的代码
    print("i bigger than 1")
    print("good")
    if i > 2:                          # 嵌套的 if 结构，条件同样成立。
        print("i bigger than 2")
        print("even better")
```

在进行完第一个 if 判断后，如果条件成立，那么程序依次运行，会遇到第二个 if 结构。程序将继续根据条件判断并决定是否执行。第二个后面的程序块相对于该 if 又缩进了四个空格，成为“小弟的小弟”。进一步缩进的程序隶属于内层的 if。

总的来说，借着 if 结构，我们给程序带来了分支。根据条件的不同，程序将走上不同的道路，如图 2-2 所示。

图 2-2　if 选择结构

2.4 计算机能循环

1. for 循环

循环用于重复执行一些程序块，在 Python 中，循环有 for 和 while 两种，我们先来看 for 循环。

从 2.3 节的选择结构，我们已经看到了如何用缩进来表示程序块的隶属关系。循环也会用到类似的写法。隶属于循环结构的、需要重复的程序会被缩进，比如：

```
for a in [3,4.4,"life"]:
    print(a)              # 依次打印列表里的各个元素
```

这个循环就是每次从列表[3,4.4,"life"] 中取出一个元素，然后将这个元素赋值给 *a*，之后执行隶属于 for 的程序，也就是调用 print()函数，把这个元素打印出来。可以看到，for 的一个基本用法是在 in 后面跟一个序列：

```
for 元素 in 序列:
    statement
```

序列中元素的个数决定了循环重复的次数。示例中有 3 个元素，所以 print()会执行 3 次。也就是说，for 循环的重复次数是确定的。for 循环会依次从序列中取出元素，赋予给紧跟在 for 后面的变量，也就是上面示例中的 *a*。因此，尽管执行的语句都相同，但由于数据发生了变化，所以相同的语句在三次执行后的效果也会发生变化。

从序列中取出元素，再赋予给一个变量并在隶属程序中使用，是 for 循环的一个便利之处。但有的时候，我们只是想简单地重复特定的次数，不想建立序列，那么我们可以使用 Python 提供的 range()函数：

```
for i in range(5):
    print("Hello World!")      # 打印五次"Hello World!"
```

程序中的 5 向 range()函数说明了需要重复的次数。因此，隶属于 for 的程序执行了 5 次。这里，for 循环后面依然有一个变量 *i*，它为每次循环起到了计数的功能：

```
for i in range(5):
    print(i, "Hello World! ")  # 打印序号和"Hello World!"
```

可以看到，Python 中 range()提供的计数也是从 0 开始的，和表的下标一样。我们还看到 print()的新用法，就是在括号中说明多个变量，用逗号分开。函数 print()会把它们都打印出来。

我们看一个 for 循环的实用例子。我们之前用元组记录了房贷的逐年利率：

```
interest_tuple = (0.01, 0.02, 0.03, 0.035, 0.05)
```

假如有 50 万元的房贷，且本金不变，那么每年要还的利息有多少呢？用 for 循环计算：

```
total = 500000
for interest in interest_tuple:
    repay = total * interest
    print("每年的利息：", repay)
```

2. while 循环

Python 中还有一种循环结构，即 while 循环。while 的用法是：

```
i = 0
while i < 10:
    print(i)
    i = i + 1                # 从 0 打印到 9
```

while 后面紧跟着一个条件。如果条件为真，则 while 会不停地循环执行隶属于它的语句。只有条件为假时，程序才会停止。在 while 的隶属程序中，我们不断改变参与条件判断的变量 i，直到它变成 10，以至于还不满足条件而终止循环。这是 while 循环常见的做法。否则，如果 while 的条件始终为真，则会变成无限循环。

一旦有了无限循环，程序就会不停地运行下去，直到程序被打断或电脑关机。但有时，无限循环也是有用处的。很多图形程序中就有无限循环，用于检查页面的状态等。如果我们开发一个无限抢票的程序，这样的无限循环听起来也不错。无限循环可以用简单暴力的方法写出来：

```
while True:
    print("Hello World!")
```

总之，循环实现了相同代码的重复执行，如图 2-3 所示。

3. 跳过或终止

循环结构还提供了两个有用的语句，可以在循环结构内部使用，用于跳过或终止循环。

```
continue    # 跳过循环的这一次执行，进行下一次的循环操作
break       # 停止执行整个循环
```

图 2-3　循环

下面的例子中使用了 continue：

```
for i in range(10):
    if i == 2:
        continue
    print(i) # 打印 0、1、3、4、5、6、7、8、9，注意跳过了 2。
```

当循环执行到 *i* 为 2 的时候，if 条件成立，触发 continue，不打印此时的 *i*，程序直接进行下一次循环，把 3 赋值给 *i*，继续执行 for 的隶属语句。

continue 只是跳过某次循环，而 break 要暴力得多，它会中止整个循环。

```
for i in range(10):
    if i == 2:
        break
    print(i)  # 只打印 0 和 1
```

当循环执行到 $i = 2$ 的时候，if 条件成立，触发 break，整个循环停止。程序不再执行 for 循环内部的语句。

附录 A　小练习

在本章中，我们学会了运算和变量，还了解了选择、循环两种流程控制结构。现在，让我们做一个复杂些的练习，把学到的东西一起重温一下。

假设我可以全额贷款买房。房子的总价为 50 万。为了吸引购房者，房贷前四年利率有折扣，分别 1%、2%、3%、3.5%。其余的年份里，房贷的年利率都是 5%。我逐年还款，每次最多偿还 3 万元。那么，完全还清房款最少需要多少年？

想一想如何用 Python 来解决这个问题。如果想清楚了，就可以写程序尝试一下。学习编程的最好方式就是亲自动手，努力解决问题。下面是笔者的解决方案，仅供参考。

```
i        = 0
residual = 500000.0
interest_tuple  = (0.01, 0.02, 0.03, 0.035)
repay = 30000.0


while residual > 0:
    i = i + 1
    print("第",i,"年还是要还钱")
    if i <= 4:
```

```
        interest = interest_tuple[i - 1]  # 序列的下标从 0 开始
    else:
        interest = 0.05
    residual = residual * (interest + 1) - repay

print("第",i+1,"年终于还完了")        # 偷偷告诉你，第 31 年还完
```

好了，恭喜你还完房贷，也恭喜你学完本章内容。

附录 B 代码规范

由于强制缩进的规定，Python 代码看起来相对比较整齐。但在一些细节上，如果你能按照特定的规范来写代码，则会让代码看起来更优美。笔者将根据各章的内容，逐步引入相应的代码规范。

Python 的官方文档中提供了一套代码规范，即 PEP8[1]。PEP 是 Python 改善建议（Python Enhancement Proposal）的简称，包含了 Python 发展历程中的关键文档。除了 PEP8 中的规定，笔者还会在下面包括自己写代码的一些小习惯。

1. 在下列运算符的前后各保留一个空格：

```
= + - > == >= < <= and or not
```

2. 下列运算符的前后不用保留空格：

[1] PEP8 文档：http://www.python.org/dev/peps/pep-0008

```
*  /  **
```

3. 如果有多行赋值，那么将上下的赋值号=对齐，比如：

```
num    = 1

secNum = 2
```

4. 变量的所有字母小写，单词之间用下画线连接：

```
example_number = 10
```

第 3 章
过程大于结果

在这一章中，我们将完成面向过程的编程范式的学习。通过第 2 章中的选择和循环，我们已经开始用结构化的方法来封装程序了。在这一章中，我们将看到其他面向过程的封装方法，即函数和模块。函数和模块把成块的指令封装成可以重复调用的代码块，并借着函数名和模块名整理出一套接口，方便未来调用。

3.1 懒人炒菜机

1. 函数是什么

函数（Function）这个名字会让人想起中学数学，所以会带来轻微的痛苦。在数学上，函数代表了集合之间的对应关系。譬如说，所有的汽车是一个集合，所有的方向盘也是一个集合。汽车集合和方向盘集合之间存在着对应关系，可以表达为一个函数。

我们再举一个数学上的例子。下面的平方函数，将一个自然数对应为这个自然数的平方：

$$f(x) = x^2, x\text{是一个自然数}$$

换句话说，函数$f(x)$定义了两组数字之间的对应关系：

```
x -> y
1    1
2    4
3    9
4    16
…
```

数学上的函数定义了静态的对应关系。从数据的角度来说，函数像是“大变活人”的魔法盒子，这个魔法盒子能把走进去的小猪变成小兔子（如图 3-1 所示）。对于刚才定义的函数$f(x)$，进去的是一个自然数，出来的是这个自然数的平方。借着函数，我们实现了数据转换。

图 3-1 魔法盒子

函数的魔法转换并非凭空生成。对于编程中的函数，我们可以用一系列指令来说明函数是如何工作的。编程中的函数在实现数据转换的同时，还能借着指令，实现其他功能。所以，程序员还可以从程序封装的角度来理解函数。

对于程序员来说，函数是这样一种语法结构。它把一些指令封装在一起，形成一个组合拳。一旦定义好了函数，我们就可以通过对函数的调用，来启动这套组合拳。因此，函数是对封装理念的实践。输入数据被称为参数，参数能影响函数的行为。这就好比同样的组合拳可以有不同的力量级别。

这样，我们就有了三种看待函数的方式：集合的对应关系、数据的魔法盒子、语句的封装。编程教材一般会选择其一来说明函数是什么。这三种解释方式都正确，区别只是看待问题的角度。相互参照三种互通的解释方式，可以更充分地理解函数是什么。

2. 定义函数

我们首先制作一个函数。制作函数的过程又称为定义函数（define function）。我们称这个函数为 square_sum()。人如其名，这个函数的功能是计算两个数的平方和：

```
def square_sum(a,b):

    a = a**2

    b = b**2

    c = a + b

    return c
```

最先出现的是 def 这个关键字。这个关键字通知 Python“这里要定义函数了”。关键字 def 后面跟着 square_sum，即函数的名字。在函数名后面，还有一个括号，用来说明函数有哪些参数，即括号中的 a 和 b。参数可以有多个，也可以完全没有。根据 Python 的语法规定，即使没有输入数据，函数后面的括号也要保留。

在定义函数时，我们用了 a 和 b 两个符号来指代输入数据。等到真正使用函数时，我们才会说明 a 和 b 具体是什么样的数字。所以，定义函数就像是练武术架式，真正调用函数时才借着真实的输入数据决定出手力度。参数在函数定义的内部起到了和变量类似的功能，可以用符号化的形式参与到任何一行指令中。由于函数定义中的参数是一个形式代表，并非真正数据，所以又称为形参（Parameter）。

在定义函数 square_sum()时，我们用参数 a 和 b 完成了符号化的平方求和。而在函数的具体执行中，参数所代表的数据确实是作为一个变量存在的，我们将在后面详述这一点。

括号结束时，就来到了第一行的末尾。末尾有一个冒号，后面的四行都有缩进。联系在第 2 章中的学习，我们可以推测出这里的冒号和缩进表示了代码的隶属关系。因此，后面的四行有缩进的代码都是函数square_sum()的小弟。函数是对代码的封装。当函数被调用时，Python 将执行从属于函数的语句，直到从属语句结束。对于 square_sum()来说，它的前三行都是我们已经熟悉了的运算语句。最后一句是 return。关键字 return 用于说明函数的返回值，即函数的输出数据。

作为函数的最后一句，函数执行到 return 时就会结束，不管它后面是否还有其他函数定义语句。如果把 square_sum()改为下面的形式：

```
def square_sum(a,b):
    a = a**2
    b = b**2
    c = a + b
    return c
    print("am I alive?")
```

则函数执行时，只会执行到 return c。后面一句 print()虽然也归属于函数，却不会被执行。所以，return 还起到了中止函数和制定返回值的功能。在 Python 的语法中，return 并不是必需的。如果没有 return，或者 return 后面没有返回值时，则函数将返回 None。None 是 Python 中的空数据，用来表示什么都没有。关键字 return 也返回多个值。多个值跟在 return 后面，以逗号分隔。从效果上看，其等价于返回一个有多个数据的元组。

```
return a,b,c          # 相当于 return (a,b,c)
```

3. 调用函数

上面我们看到怎样定义函数。定义函数就像打造了一把利器，但这件兵器必须使用起来，才能真正发挥作用。使用函数的过程叫作**调用函数**（Call Function）。在第 1 章中，我们已经见过如何调用 print()函数：

```
print("Hello World!")
```

我们直接使用了函数名，在括号里加入具体的参数。此时的参数不再是定义函数时的符号，而是一个实际的数据——字符串"Hello World!"。所以，在函数调用时出现的参数称为实参（argument）。

函数 print()返回值为 None，所以我们并不关心这个返回值。但如果一个函数有其他返回值，那么我们可以获得这个返回值。一个常见的做法是把返回值赋予给变量，方便以后使用。下面程序中调用了 square_sum()函数：

```
x = square_sum(3,4)
print(x)      # 结果为 25
```

Python 通过参数出现的先后位置，知道 3 对应的是函数定义中的第一个形参 a，4 对应第二个形参 b，然后把参数传递给函数 square_sum()。函数 square_sum()执行内部的语句，直到得出返回值 25。返回值 25 赋予给了变量 *x*，最后由 print()打印出来。

函数调用的写法，其实与函数定义第一行 def 后面的内容相仿。只不过在调用函数时，我们把真实的数据填入到括号中，作为参数传递给函数。除具体的数据表达式外，参数还可以是程序中已经存在的变量，比如：

```
a = 5
b = 6
```

```
x = square_sum(a, b)
print(x)       # 结果为 61
```

4. 函数文档

函数可以封装代码，实现代码的复用。对于一些频繁调用的程序，如果能写成函数，再每次调用其功能，那么将减少重复编程的工作量。然而，函数多了也会有函数多的烦恼。一个问题常见就是，我们经常会忘记一个函数是用来做什么的。当然，我们可以找到定义函数的那些代码，一行一行地读下去，尝试了解自己或别人在编写这段程序时的意图。但这个过程听起来就让人痛苦。要想让未来的自己或他人避免类似的痛苦，就需要在写函数时加上清晰的说明文档，说明函数的功能和用法分别是什么。

我们可以用内置函数 help()来找到某个函数的说明文档。以函数 max()为例，用这个函数用来返回最大值。比如：

```
x = max(1, 4, 15, 8)
print(x)        # 结果为 15
```

函数 max()接收多个参数，再返回参数中最大的那一个。如果一时想不起来函数 max()的功能和所带的参数，那么我们可以通过 help()来求助。

```
>>> help(max)   # 以下为 help()运行的结果，也就是 max()的说明文档。

Help on built-in function max in module __builtin__:

max(...)
```

```
max(iterable[, key=func]) -> value

max(a, b, c, ...[, key=func]) -> value


With a single iterable argument, return its largest item.

With two or more arguments, return the largest argument.

(END)
```

可以看到，函数 max()有两种调用方式。我们之前的调用是按照第二种方式。此外，说明文档还说明了函数 max()的基本功能。

函数 max()属于 Python 自身定义好的内置函数，所以已经提前准备好了说明文档。对于我们自定义的函数，还需要自己动手。这个过程并不复杂，下面给函数 square_sum()加上简单的注释：

```
def square_sum(a,b):

    """ return the square sum of two arguments"""

    a = a**2

    b = b**2

    c = a + b

    return c
```

在函数内容一开始的时候，增加了一个多行注释。这个多行注释同样有缩进。它将成为该函数的说明文档。如果我用函数 help()来查看 square_sum()的说明文档，则 help()将返回我们定义函数时写下的内容：

```
>>>help(square_sum)
```

```
Help on function square_sum in module __main__:


square_sum(a, b)

    return the square sum of two arguments
```

通常来说，说明文档要写得尽可能详细一些，特别是人们关心的参数和返回值。

3.2 参数传递

1. 基本传参

把数据用参数的形式输入到函数，被称为参数传递。如果只有一个参数，那么参数传递会变得很简单，只需把函数调用时输入的唯一一个数据对应为这个参数就可以了。如果有多个参数，那么在调用函数时，Python 会根据位置来确认数据对应哪个参数，例如：

```
def print_arguments(a, b, c):

    """print arguments according to their sequence"""

    print(a, b, c)


print_arguments(1, 3, 5)  # 打印1、3、5

print_arguments(5, 3, 1)  # 打印5、3、1

print_arguments(3, 5, 1)  # 打印3、5、1
```

在程序的三次调用中，Python 都是通过位置来确定实参与形参的对应关系的。

如果觉得位置传参比较死板，那么可以用关键字（Keyword）的方式来传递参数。在定义函数时，我们给了形参一个符号标记，即参数名。关键字传递是根据参数名来让数据与符号对应上。因此，如果在调用时使用关键字传递，那么不用遵守位置的对应关系。沿用上面的函数定义，改用参数传递的方式：

```
print_arguments(c=5,b=3,a=1)   # 打印1、3、5
```

从结果可以看出，Python 不再使用位置来对应参数，而是利用了参数的名字来对应参数和数据。

位置传递与关键字传递可以混合使用，即一部分的参数传递根据位置，另一部分根据参数名。在调用函数时，所有的位置参数都要出现在关键字参数之前。因此，你可以用如下方式来调用：

```
print_arguments(1, c=5, b=3) # 打印1、3、5
```

但如果把位置参数 1 放在关键字参数 c=5 的后面，则 Python 将报错：

```
print_arguemnts(c=5, 1, b=3) # 程序报错
```

位置传递和关键字传递让数据与形参对应起来，因此数据的个数与形参的个数应该相同。但在函数定义时，我们可以设置某些形参的默认值。如果我们在调用时不提供这些形参的具体数据，那么它们将采用定义时的默认值，比如：

```
def f(a,b,c=10):

    return a + b + c
```

```
print(f(3,2,1))  # 参数 c 取传入的 1。结果打印 6
print(f(3,2))    # 参数 c 取默认值 10。结果打印 15
```

第一次调用函数时输入了 3 个数据，正好对应三个形参，因此形参 c 对应的数据是 1。第二次调用函数时，我们只提供了 3 和 2 两个数据。函数根据位置，把 3 和 2 对应成形参 a 和 b。到了形参 c 时，已经没有多余的数据，所以 c 将采用其默认值 10。

2. 包裹传参

以上传递参数的方式，都要求在定义函数时说明参数的个数。但有时在定义函数时，我们并不知道参数的个数。其原因有很多，有时是确实不知道参数的个数，需要在程序运行时才能知道。有时是希望函数定义的更加松散，以便于函数能运用于不同形式的调用。这时候，用包裹（packing）传参的方式来进行参数传递会非常有用。

和之前一样，包裹传参也有位置和关键字两种形式。下面是包裹位置传参的例子：

```
def package_position(*all_arguments):
    print(type(all_arguments))
    print(all_arguments)


package_position(1,4,6)
package_position(5,6,7,1,2,3)
```

两次调用，尽管参数个数不同，但都基于同一个 package_position() 定义。在调用 package_position()时，所有的数据都根据先后顺序，收集到一个元组。在函数内部，我们可以通过元组来读取传入的数据。这就是包裹位置传参。为了提醒 Python 参数 all_arguments 是包裹位置传递所用的元组名，我们在定义 package_position()时要在元组名 all_arguments 前加*号。

我们再来看看包裹关键字传递的例子。这一参数传递方法把传入的数据收集为一个词典：

```
def package_keyword(**all_arguments):
    print(type(all_arguments))
    print(all_arguments)


package_keyword(a=1,b=9)
package_keyword(m=2,n=1,c=11)
```

与上面一个例子类似，当函数调用时，所有参数会收集到一个数据容器里。只不过，在包裹关键字传递的时候，数据容器不再是一个元组，而是一个字典。每个关键字形式的参数调用，都会成为字典的一个元素。参数名成为元素的键，而数据成为元素的值。字典 all_arguments 收集了所有的参数，把数据传递给函数使用。为了提醒，参数 all_arguments 是包裹关键字传递所用的字典，因此在 all_arguments 前加**。

包裹位置传参和包裹关键字传参还可以混合使用，比如：

```
def package_mix(*positions, **keywords):
    print(positions)
    print(keywords)


package_mix(1, 2, 3, a=7, b=8, c=9)
```

还可以更进一步，把包裹传参和基本传参混合使用。它们出现的先后顺序是：位置→关键字→包裹位置→包裹关键字。有了包裹传递，我们在定义函数时可以更灵活地表示数据。

3. 解包裹

除了用于函数定义，*和**还可用于函数调用。这时候，两者是为了实现一种叫作解包裹（unpacking）的语法。解包裹允许我们把一个数据容器传递给函数，再自动地分解为各个参数。需要注意的是，包裹传参和解包裹并不是相反操作，而是两个相对独立的功能。下面是解包裹的一个例子：

```
def unpackage(a,b,c):

    print(a,b,c)


args = (1,3,4)

unpackage(*args)    # 结果为1 3 4
```

在这个例子中，unpackage()使用了基本的传参方法。函数有三个参数，按照位置传递。但在调用该函数时，我们用了解包裹的方式。可以看到，我们调用函数时传递的是一个元组。按照基本传参的方式，一个元组是无法和三个参数对应上的。但我们通过在args前加上*符号，来提醒Python，我想把元组拆成三个元素，每一个元素对应函数的一个位置参数。于是，元组的三个元素分别赋予了三个参数。

相应的，词典也可用于解包裹，使用相同的unpackage()定义：

```
args = {"a":1,"b":2,"c":3}

unpackage(**args)      # 打印1、2、3
```

然后在传递词典 args 时，让词典的每个键值对作为一个关键字传递给函数 unpackage()。

解包裹用于函数调用。在调用函数时，几种参数的传递方式也可以混合。依然是相同的基本原则：位置→关键字→位置解包裹→关键字解包裹。

3.3 递归

1. 高斯求和与数学归纳法

递归是函数调用其自身的操作。在讲解递归之前，先来回顾数学家高斯的一个小故事。据说有一次，老师惩罚全班同学，必须算出 1 到 100 的和才能回家。只有 7 岁的高斯想出了一个聪明的解决办法，后来这个方法被称为高斯求和公式。下面我们用编程的方法来解决高斯求和：

```
sum = 0
for i in range(1, 101):        # range()这样的写法表示从 1 开始，直到 100
   sum = sum + i
print(sum)                     # 结果为 5050
```

正如程序显示的，循环是解决问题的一个自然想法。但这并不是唯一的解决方案，我们还可以用下面的方式解题：

```
def gaussian_sum(n):
    if n == 1:
        return 1
    else:
```

```
    return n + gaussian_sum(n-1)

print(gaussian_sum(100))        # 结果为 5050
```

上面的解法使用了递归（Recursion），即在一个函数定义中，调用了这个函数自身。为了保证计算机不陷入死循环，递归要求程序有一个能够达到的终止条件（Base Case）。递归的关键是说明紧邻的两个步骤之间的衔接条件。比如，我们已经知道了 1 到 51 的累加和，即 gaussian_sum(51)，那么 1 到 52 的累加和就可以很容易地求得：gaussian_sum(52) = gaussian_sum(51) + 52。

使用递归设计程序的时候，我们从最终结果入手，即要想求得 gaussian_sum(100)，计算机会把这个计算拆解为求得 gaussian_sum(99)的运算，以及 gaussian_sum(99)加上 100 的运算。以此类推，直到拆解为 gaussian_sum(1)的运算，就触发终止条件，也就是 if 结构中 n=1 时，返回一个具体的数 1。尽管整个递归过程很复杂，但在编写程序时，我们只需关注初始条件、终止条件及衔接，而无须关注具体的每一步。计算机会负责具体的执行。

递归源自数学归纳法。数学归纳法（Mathematical Induction）是一种数学证明方法，常用于证明命题[1]在自然数范围内成立。随着现代数学的发展，自然数范围内的证明实际上构成了许多其他领域，如数学分析和数论的基础，所以数学归纳法对于整个数学体系都至关重要。

数学归纳法本身非常简单。如果我们想要证明某个命题对于自然数 n 成立，那么：

第一步　证明命题对于 $n = 1$ 成立。

---

[1] 命题是对某个现象的描述。

第二步　假设命题对于 n 成立，n 为任意自然数，则证明在此假设下，命题对于 $n+1$ 成立。

命题得证

想一下上面的两个步骤。它们实际上意味着，命题对于 $n = 1$ 成立→命题对于 $n = 2$ 成立→命题对于 $n = 3$ 成立……直到无穷。因此，命题对于任意自然数都成立。这就好像多米诺骨牌，我们确定 n 的倒下会导致 $n + 1$ 的倒下，然后只要推倒第一块骨牌，就能保证任意骨牌的倒下。

2. 函数栈

程序中的递归需要用到**栈**（Stack）这一数据结构。所谓数据结构，是计算机存储数据的组织方式。栈是数据结构的一种，可以有序地存储数据。

栈最显著的特征是**“后进先出”**（LIFO，Last In，First Out）。当我们往箱子里存放一叠书时，先存放的书在箱子底部，后存放的书放在箱子顶部。我们必须将后存放的书取出来，才能看到和拿出最开始存放的书。这就是“后进先出”。栈与这个装书的箱子类似，只能“后进先出”。每一本书，也就是栈的每个元素，称为一个**帧**（frame）。栈只支持两个操作：pop 和 push。栈用弹出（pop）操作来取出栈顶元素，用推入（push）操作将一个新的元素存入栈顶。

正如我们前面所说的，为了计算 gaussian_sum(100)，我们需要先暂停 gaussian_sum(100)，开始 gaussian_sum(99)的计算。为了计算 gaussian_sum(99)，需要先暂停 gaussian_sum(99)，调用 gaussian_sum(98)……。在触发终止条件前，会有很多次未完成的函数调用。每次函数调用时，我们在栈中推入一个新的帧，用来保存这次函数调用的相关信息。栈不断增长，直到计算出 gaussian_sum(1)后，我们又会恢复计算 gaussian_sum(2)、gaussian_sum(3)，……。由于栈“后进先出”的特点，所以每次只需弹出栈的帧，就正好是我们所需要的 gaussian_sum(2)、gaussian_sum(3)……直到弹出藏在最底层的的帧 gaussian_sum(100)。

所以，程序运行的过程，可以看作是一个先增长栈后消灭栈的过程。每次函数调用，都伴随着一个帧入栈。如果函数内部还有函数调用，那么又会多一个帧入栈。当函数返回时，相应的帧会出栈。等到程序的最后，栈清空，程序就完成了。

3. 变量的作用域

有了函数栈的铺垫，变量的作用域就变得简单了。函数内部可以创建新变量，如下面的一个函数：

```
def internal_var(a, b):
    c = a + b
    return c

print(internal_var(2, 3))        # 结果为5
```

事实上，Python 寻找变量的范围不止是当前帧。它还会寻找函数外部，也就是 Python 的主程序[1]中定义了的变量。因此，在一个函数内部，我们能“看到”函数外部已经存在的变量。比如下面的程序：

```
def inner_var():
    print(m)
```

[1] 所谓的主程序，其实就是一个.py 程序构成的模块。我将在下一节讲解模块。这里暂时不严格地称为主程序。

```
m = 5
inner_var()              # 结果将打印 5
```

当主程序中已经有了一个变量，函数调用内部可以通过赋值的方式再创建了一个同名变量。函数会优先使用自己函数帧中的那个变量。在下面的程序中，主程序和函数 external_var()都有一个 info 变量。在函数 external_var()内部，会优先使用函数内部的那个 info：

```
def external_var():
    info = "Vamei's Python"
    print(info)       # 结果为"Vamei's Python"


info = "Hello World!"
external_var()
print(info)           # 结果为"Hello World!"
```

且函数内部使用的是自己内部的那一份，所以函数内部对 info 的操作不会影响到外部变量 info。

函数的参数与函数内部变量类似。我们可以把参数理解为函数内部的变量。在函数调用时，会把数据赋值给这些变量。等到函数返回时，这些参数相关的变量会被清空。但也有特例，如下面的例子：

```
b = [1,2,3]
def change_list(b):
    b[0] = b[0] + 1
```

```
    return b


print(change_list(b))    # 打印[2, 2, 3]
print(b)                 # 打印[2, 2, 3]
```

我们将一个表传递给函数，函数进行操作后，函数外部的表 b 发生变化。当参数是一个数据容器时，函数内外部只存在一个数据容器，所以函数内部对该数据容器的操作，会影响到函数外部。这涉及到 Python 的一个微妙机制，我们会在第 6 章对此深入探索。现在需要记住的是，对于数据容器来说，函数内部的更改会影响到外部。

3.4 引入那把宝剑

1. 引入模块

网上曾经流行一个技术讨论："如何用编程语言杀死一条龙？" 有很多有趣的答案，比如 Java 语言，是"赶到那里，找到巨龙，开发出一套由多个功能层组成的恶龙歼灭框架，写几篇关于这种框架的文章……但巨龙并没有被消灭掉。" 这个回答其实是在取笑 Java 复杂的框架。C 语言则是"赶到那里，对巨龙不屑一顾，举起剑，砍掉巨龙的头，找到公主……把公主晾在一边，去看看有没有最新提交的 Linux 内核代码。" 这个答案则是夸奖C语言的强大，以及C语言社区对Linux内核的投入。至于Python语言，很简单：

```
import slay_dragon
```

了解 Python 模块的人会对这行代码微微一笑。在 Python 中，一个.py 文件就构成一个模块。通过模块，你可以调用其他文件中的函数。而引入（import）模块，就是为了在新的程序中重复利用已有的 Python 程序。Python 通过模块，让你可以调用其他文件中的函数。我们先写一个 first.py 文件，内容如下：

```
def laugh():
    print("HaHaHaHa")
```

再在同一目录下写一个 second.py 文件。在这段程序中引入 first 模块：

```
from first import laugh
for i in range(10):
    laugh()
```

借着 import 语句，我们可以在 second.py 中使用 first.py 中定义的 laugh()函数。除了函数，我们还可以引入其他文件中包含的数据。比如我们在 module_var.py 中写入：

```
text = "Hello Vamei"
```

在 import_demo.py 中，我们引入这一变量：

```
from import_demo import text
print(text)      # 打印'Hello Vamei'
```

对于面向过程语言来说，模块是比函数更高一层的封装模式。程序可以以文件为单位实现复用。典型的面向过程语言，如 C 语言，有很完善的模块系统。把常见的功能编到模块中，方便未来使用，就成为所谓的库（library）。由于 Python 的库非常丰富，所以很多工作都可以通过引用库，即借助前人的工作来完成。这也是 Python 要用 import 语句来杀龙的原因。

2. 搜索路径

我们刚才在引入模块时，把库文件和应用文件放在了同一文件夹下。当在该文件夹下运行程序时，Python 会自动在当前文件夹搜索它想要引入的模块。

但 Python 还会到其他的地方寻找库：

（1）标准库的安装路径

（2）操作系统环境变量 PYTHONPATH 所包含的路径

标准库是 Python 官方提供的库。Python 会自动搜索标准库所在的路径。因此，Python 总能正确地引入标准库中的模块。例如：

```
import time
```

如果你是自定义的模块，则可以放在自认为合适的地方，然后修改 PYTHONPATH 这个环境变量。当 PYTHONPATH 包含模块所在的路径时，Python 便可以找到那个模块。修改 PYTHONPATH 的方式可参考本章附录 A。

3.5　异常处理

1. 恼人的 bug

bug 一定是程序员最痛恨的生物了。程序员眼中的 bug，是指程序缺陷。这些程序缺陷会引发错误或者意想不到的后果。很多时候，程序 bug

可以事后修复。当然，也存在无法修复的教训。欧洲 ARIANE 5 火箭第一次发射时，在一分钟之内爆炸。事后调查原因，发现导航程序中的一个浮点数要转换成整数，但由于数值过大溢出。此外，英国直升机于 1994 年坠毁，29 人死亡。调查显示，直升机的软件系统“充满缺陷”。而电影《2001 太空漫游》中，超级计算机 HAL 杀死了几乎所有的宇航员，原因是 HAL 程序中的两个目标出现了冲突。

在英文中，bug 是虫子的意思。工程师很早就开始用 bug 这个词来指代机械缺陷。而软件开发中使用 bug 这个词，还有一个小故事。曾经有一只蛾子飞进一台早期计算机，造成这台计算机出错。从那以后，bug 就被用于指代程序缺陷。这只蛾子后来被贴在日志本上，至今还在美国国家历史博物馆展出。

很多程序缺陷都可以很早发现并改正。比如，下面程序错用了语法，在 for 的一行没有加引号。

```
for i in range(10)
    print(i)
```

Python 不会运行这段程序。它会提醒你有语法错误：

```
SyntaxError: invalid syntax
```

下面的程序并没有语法上的错误，但在 Python 运行时，会发现引用的下标超出了列表元素的范围：

```
a = [1, 2, 3]
print(a[3])
```

程序会中止报错：

```
IndexError: list index out of range
```

上面这种只有在运行时，编译器才会发现的错误被称为**运行时错误**（Runtime Error）。由于 Python 是动态语言，许多操作必须在运行时才会执行，比如确定变量的类型等。因此，Python 要比静态语言更容易产生运行时错误。

还有一种错误，称为**语义错误**（Semantic Error）。编译器认为你的程序没有问题，可以正常运行。但当检查程序时，却发现程序并非你想做的。通常来说，这种错误最为隐蔽，也最难纠正。比如下面这个程序，目的是打印列表的第一个元素：

```
bundle = ["a", "b", "c"]

print(bundle[1])
```

程序并没有错误，正常打印。但你发现，打印出的是第二个元素"b"，而不是第一个元素。这是因为 Python 列表的下标是从 0 开始的，所以引用第一个元素，下标应该是 0 而不是 1。

2. Debug

修改程序缺陷的过程称为 debug。计算机程序具有确定性，所以错误的产生总会有其根源。当然，有时花大量时间都不能 debug 一段程序，确实会产生强烈的挫败感，甚至认为自己不适合做程序开发。还有的人怒摔键盘，认为电脑在玩自己。就我个人的观察来说，再优秀的程序员，在写程序时也总会产生 bug。只不过，优秀的程序员在 debug 的过程中更心平气和，不会因为 bug 而质疑自己。他们甚至会把 debug 的过程当作一种训练，通过更好地理解错误根源来让自己的计算机知识更上一层楼。

其实，debug 有点像做侦探。搜集蛛丝马迹的证据，排除清白的嫌疑人，最后留下真凶。收集证据的方法有很多，也有许多现成的工具。对于初学者来说，不需要花太多的时间在这些工具上。在程序内部插入简单的 print()函数，就可以查看变量的状态以及运行进度。有时，还可以将某个指令替换成其他形式，看看程序结果有何变化，从而验证自己的假设。当其他可能性都排除了，那么剩下的就是导致错误的真正的原因。

从另一个方面来看，debug 也是写程序的一个自然部分。有一种开发程序的方式，就是测试驱动开发（Test-Driven Development，TDD）。对于 Python 这样一种便捷的动态语言来说，很适合先写一个小型的程序，实现特定的功能。然后，在小程序的基础上，渐进地修改，让程序不断进化，最后满足复杂的需求。整个过程中，你不断增加功能，也不断改正某些错误。重要的是，你一直在动手编程。Python 作者本人就很喜欢这种编程方式。因此，debug 其实是你写出完美程序的一个必要步骤。

3. 异常处理

对于运行时可能产生的错误，我们可以提前在程序中处理。这样做有两个可能的目的：一个是让程序中止前进行更多的操作，比如提供更多的关于错误的信息。另一个则是让程序在犯错后依然能运行下去。

异常处理还可以提高程序的容错性。下面的一段程序就用到了异常处理：

```
while True:
    inputStr = input("Please input a number:")   # 等待输入
    try:
        num = float(inputStr)
        print("Input number:", num)
```

```
    print("result:", 10/num)
except ValueError:
    print("Illegal input. Try Again.")
except ZeroDivisionError:
    print("Illegal devision by zero. Try Again.")
```

需要异常处理的程序包裹在 try 结构中。而 except 说明了当特定错误发生时，程序应该如何应对。程序中，input()是一个内置函数，用来接收命令行的输入。而 float()函数则用于把其他类型的数据转换为浮点数。如果输入的是一个字符串，如"p"，则将无法转换成浮点数，并触发 ValueError，而相应的 except 就会运行隶属于它的程序。如果输入的是 0，那么除法的分母为 0，将触发 ZeroDivisionError。这两种错误都由预设的程序处理，所以程序运行不会中止。

如果没有发生异常，比如输入 5.0，那么 try 部分正常运行，except 部分被跳过。异常处理完整的语法形式为：

```
try:
    ...
except exception1:
    ...
except exception2:
    ...
else:
    ...
finally:
    ...
```

如果 try 中有异常发生时，将执行异常的归属，执行 except。异常层层比较，看是否是 exception1、exception2……直到找到其归属，执行相应的 except 中的语句。如果 try 中没有异常，那么 except 部分将跳过，执行 else 中的语句。

finally 是无论是否有异常，最后都要做的一些事情。

如果 except 后面没有任何参数，那么表示所有的 exception 都交给这段程序处理，比如：

```
while True:
    inputStr = input("Please input a number:")
    try:
        num = float(inputStr)
        print("Input number:", num)
        print("result:", 10/num)
    except:
        print("Something Wrong. Try Again.")
```

如果无法将异常交给合适的对象，那么异常将继续向上层抛出，直到被捕捉或者造成主程序报错，比如下面的程序：

```
def test_func():
    try:
        m = 1/0
    except ValueError:
        print("Catch ValueError in the sub-function")
```

```
try:
    test_func()
except ZeroDivisionError:
    print("Catch error in the main program")
```

子程序的 try...except...结构无法处理相应的除以 0 的错误，所以错误被抛给上层的主程序。

使用 raise 关键字，我们也可以在程序中主动抛出异常。比如：

```
raise ZeroDivisionError()
```

附录A 搜索路径的设置

Python 引入模块时，会到搜索路径寻找相应的模块。如果引入失败，则有可能是搜索路径设置不正确。我们可以按照下面的办法来设置搜索路径。

在 Python 内部，可以用下面的方法来查询搜索路径：

```
>>>import sys
>>>print(sys.path)
```

可以看到，sys.path 是一个列表。列表中的每个元素都是一个会被搜索的路径。我们可以通过增加或删除这个列表中的元素，来控制 Python 的搜索路径。

上面的更改方法是动态的，所以每次写程序时都要添加相关的改变。

我们也可以设置 PYTHONPATH 环境变量，来静态改变 Python 搜索路径。在 Linux 系统下，可以在 home 文件夹下的.bashrc 文件中添加下面一行，来改变 PYTHONPATH：

```
export PYTHONPATH=/home/vamei/mylib:$PYTHONPATH
```

这一行的含义是在原有的 PYTHONPATH 基础上，加上/home/vamei/mylib。在 Mac 下需要修改的文件是 home 文件夹下的.bash_profile，修改方法和 Linux 类似。

在 Windows 下也可以设置 PYTHONPATH。右击“计算机”，在菜单中选择属性。这时会出现一个“系统”窗口。单击“高级系统设置”，会出现一个叫“系统属性”的窗口。选择环境变量，在其中添加 PYTHONPATH 的新变量，然后设置这个变量的值，即想要搜索的路径。

附录 B　安装第三方模块

除标准库中的模外，还有很多第三方贡献的 Python 模块。安装这些模块最常用的方式是使用 pip。在安装 Python 时，pip 也会安装在你的计算机中。如果想安装第三方模块，如 numpy，那么可以使用下面的方式安装：

```
$pip install numpy
```

如果使用了 virtualenv，那么每个虚拟环境都会提供一个对应改虚拟环境 Python 版本的 pip。在某个环境下使用 pip，模块会安装到该虚拟环境中。如果你切换虚拟，那么所使用的模块和模块的版本都会随之变化，从而避免了模块与 Python 版本不符的尴尬。

在 EPD Python 和 Anaconda 下，还提供了额外的安装第三方模块的工具，可前往官网查阅使用方法。可以利用下面命令，来找到安装的所有模块，以及模块的版本：

```
$pip freeze
```

附录 C　代码规范

对于本章中出现的函数和模块，我在命名时全部使用的是小写字母。单词之间用下画线连接。以上用法也与 PEP8 中对函数和模块的规定相符。本章在讲解“异常处理”时，异常都是如 ValueError 这样的类。关于类的代码规范将在下一章讲解。

第 4 章

朝思暮想是对象

看过 Python 面向过程的编程范式之后，我们在这一章将使用一种完全不同的编程范式——**面向对象**（Objected-Oriented）。Python 不只是一门支持面向对象范式的语言。在多范式的外表下，Python 用对象来构建它的大框架。因此，我们可以及早切入面向对象编程，从而了解 Python 的深层魅力。

4.1 轻松看对象

1. 面向对象语言的来历

要想了解面向对象，就要先来了解**类**（Class）和**对象**（Object）。还记得面向过程中的函数和模块吗，它们提高了程序的可复用性。类和对象同样提高了程序的可复用性。除此之外，类和对象这两种语法结构还加强了程序模拟真实世界的能力。“模拟”，正是面向对象编程的核心。

面向对象范式可以追溯到 Simula 语言。克利斯登 • 奈加特是这门语言的两位作者之一。他被挪威国防部征召入伍，然后服务于挪威防务科学研究所。作为一名训练有素的数学家，克利斯登·奈加特一直在用电脑解决国防中的计算问题，例如核反应堆建设、舰队补给、后勤供应等。在解决这些问题的过程中，奈加特需要用电脑来模拟出真实世界的状况。比如说，如果发生一次核泄漏，会造成怎样的影响。奈加特发现，按照之前过程式的、指令式的编程方式，他很难用程序来表示真实世界中的个体。就拿一艘船来说，我们知道它会有一些数据，如高度、宽度、马力、吃水量等。它还会有一些动作，如移动、加速、加油、停泊等。这艘船就是一个个体。有些个体可以划为一类，如战列舰和航母都是军舰。有些个体之间有着包含关系，如一条船有船锚。

当人们讲故事时，会自然而然地描述来自真实世界的个体。但对于只懂 0/1 序列的计算机来说，它只会机械地执行一条条指令。奈加特希望，当他想要用计算机做模拟时，能像讲故事一样简单。他凭着自己在军事和民用方面的经验，知道这样的一种编程语言有着巨大的潜力。最终，他遇到了计算机专家奥利-约翰·达尔。达尔帮助奈加特把他的想法变成一门新颖的语言——Simula。这门语言的名字，正是奈加特朝思暮想的“模拟”[1]。

我们可以把面向对象看作是故事和指令之间的桥梁。程序员用一种故事式的编程语言描述问题，随后编译器会把这些程序翻译成机器指令。但在计算机发展的早期，这些额外的翻译工作会消耗太多的计算机资源。因此，面向对象的编程范式并不流行。一些纯粹的面向对象语言，也经常因为效率低下而受到诟病。

随着计算机性能的提高，效率问题不再是瓶颈。人们转而关注程序员的产量，开始发掘面向对象语言的潜力。在面向对象领域最先取得辉煌成功的是 C++语言。比雅尼·斯特劳斯特鲁普在 C 语言的基础上增加面向对象的语法结构，创造出 C++语言。C++杂糅了 C 语言特征，所以显得异常复杂。后来的 Java 语言向着更纯粹的面向对象范式靠拢，很快获得了商业上的成功。C++和 Java 一度成为最流行的编程语言。后来微软推出的 C#语言，以及苹果一直在支持的 Objective-C 语言，也都是典型的面向对象语言。

Python 也是一门面向对象语言。它比 Java 还要历史悠久。只不过，Python 允许程序员以纯粹的面向过程的方式来使用它，所以人们有时会忽视它那颗面向对象的心。Python 的一条哲学理念是“一切皆对象”。无论是我们第 3 章看到的面向过程范式，还是未来会看到的函数式编程，其实都是特殊的对象模拟出的效果。因此，学习面向对象是学 Python 的一个关键环节。只有了解了 Python 的对象，我们才能看到这门语言的全貌。

---

[1] “模拟”的英文是 Simulation。

2. 类

说是要“找对象”，我们第一个看的却是个叫作“类”的语法结构。这里的类其实和我们日常生活中的“类”的概念差不多。日常生活中，我们把相近的东西归为一类，而且给这个类起一个名字。比如说，鸟类的共同属性是有羽毛，通过产卵生育后代。任何一只特别的鸟都是建立在鸟类的原型基础上的。

下面我们用 Python 语言来记录上面的想法，描述鸟类：

```
class Bird(object):

    feather = True

    reproduction  = "egg"
```

在这里，我们用关键字 class 来定义一个类。类的名字就是鸟（Bird）。括号里有一个关键词 object，也就是“东西”的意思，即某一个个体。在计算机语言中，我们把个体称为对象。一个类别下，可以有多个个体。鸟类就可以包括邻居老王养的金丝雀、天边正飞过的那只乌鸦，以及家里养的一只小黄鸡。

冒号和缩进说明了属于这个类的代码。在隶属于这个类别的程序块中，我们定义了两个量，一个用于说明鸟类有羽毛（feather），另一个用于说明鸟类的繁殖方式（reproduction），这两个量称为类的属性（attribute）。我们定义鸟类的方法很粗糙，鸟类只不过是“有毛能产蛋”的东西。要是生物学家看到了大概会暗自摇头，但我们毕竟迈出了模拟世界的第一步。

我们除了用数据性的属性来分辨类别外，有时也会根据这类东西能做什么事情来区分。比如说，鸟会移动。这样，鸟就和房屋的类别就区分开了。这些动作会带来一定的结果，比如移动导致位置的变化。这样的一些“行为”属性称为**方法**（method）。Python 中，一般通过在类的内部定义函数来说明方法。

```
class Bird(object):
    feather = True
    reproduction = "egg"
    def chirp(self, sound):
        print(sound)
```

我们给鸟类新增一个方法属性，就是表示鸟叫的方法 chirp()。方法 chirp()看起来很像一个函数。它的第一个参数是 self，是为了在方法内部引用对象自身，我将在后面详细解释。需要强调的是，无论该参数是否用到，方法的第一个参数必须是用于指代对象自身的 self。剩下的参数 sound 是为了满足我们的需求设计的，它代表了鸟叫的内容。方法 chirp() 会把 sound 打印出来。

3. 对象

我们定义了类，但和函数定义一样，这还只是打造兵器的过程。为了使用这个利器，我们需要深入到对象的层面。通过调用类，我们可以创造出这个类下面的一个对象。比如说，我养了一只小鸡，叫 summer。它是个对象，且属于鸟类。我们使用前面已经定义好的鸟类，产生这个对象：

```
summer = Bird()
```

通过这一句创建对象，并说明 summer 是属于鸟类的一个对象。现在，我们就可以使用鸟类中已经写好的代码了。作为对象的 summer 将拥有鸟类的属性和方法。对属性的引用是通过**对象.属性**（object.attribute）的形式实现的。比如说：

```
print(summer.reproduction)       # 打印'egg'
```

用上面的方式，我们得到 summer 所属类的繁殖方式。

此外，我们还可以调用方法，让 summer 执行鸟类允许的动作。比如：

```
summer.chirp("jijiji")          # 打印'jijiji'
```

在调用方法时，我们只传递了一个参数，也就是字符串"jijiji"。这正是方法与函数有所区别的地方。尽管在定义类的方法时，我们必须加上这个 self 参数，但 self 只用能在类定义的内部，所以在调用方法时不需要对 self 传入数据。通过调用 chirp()方法，我的 summer 就可以叫了。

到现在为止，描述对象的数据都存储于类的属性中。类属性描述了一个类的共性，比如鸟类都有羽毛。所有属于该类的对象会共享这些属性。比如说，summer 是鸟类的一个对象，因此 summer 也有羽毛。当然，我们可以通过某个对象来引用某个类属性。

对于一个类下的全部个体来说，某些属性可能存在个体差异。比如说，我的 summer 是黄色的，但并非所有的鸟儿都是黄色的。再比如说人这个类。性别是某个人的一个性质，不是所有的人类都是男，或者都是女。这个性质的值随着对象的不同而不同。李雷是人类的一个对象，性别是男。韩美美也是人类的一个对象，性别是女。

因此，为了完整描述个体，除了共性的类属性外，我们还需要用于说明个性的对象属性。在类中，我们可以通过 self 来操作对象的属性。现在我们拓展 Bird 类：

```
class Bird(object):
    def chirp(self, sound):
        print(sound)
    def set_color(self, color):
        self.color = color


summer = Bird()
summer.set_color("yellow")
print(summer.color)                    # 打印'yellow'
```

在方法 set_color()中，我们通过 self 参数设定了对象的属性 color。和类属性一样，我们能通过**对象.属性**的方式来操作对象属性。由于对象属性依赖于 self，所以我们必须在某个方法内部才能操作类属性。因此，对象属性没办法像类属性一样，在类下方直接赋初值。

但 Python 还是提供了初始化对象属性的办法。Python 定义了一系列**特殊方法**。特殊方法又被称为**魔法方法**（Magic Method）。特殊方法的方法名很特别，前后有两个下画线，比如__init__()、__add__()、__dict__()等。程序员可以在类定义中设定特殊方法。Python 会以特定的方式来处理各个特殊方法。对于类的__init__()方法，Python 会在每次创建对象时自动调用。因此，我们可以在__init__()方法内部来初始化对象属性：

```
class Bird(object):
    def __init__(self, sound):
        self.sound = sound
        print("my sound is:", sound)
```

```
    def chirp(self):
        print(self.sound)


summer = Bird("ji")
summer.chirp()                        # 打印'ji'
```

在上面的类定义中，我们通过__init__()方法说明了这个类的初始化方式。每当对象建立时，比如创建 summer 对象时，__init__()方法就会被调用。它会设定 sound 这个对象属性。在后面的 chirp()方法中，就可以通过 self 调用这一对象属性。除了设定对象属性外，我们还可以在__init__()中加入其他指令。这些指令会在创建对象时执行。在调用类时，类的后面可以跟一个参数列表。这里放入的数据将传给__init__()的参数。通过__init__()方法，我们可以在创建对象时就初始化对象属性。

除了操作对象属性外，self 参数还有另外一个功能，就是能让我们在一个方法内部调用同一类的其他方法，比如：

```
class Bird(object):
    def chirp(self, sound):
        print(sound)

    def chirp_repeat(self, sound, n):
        for i in range(n):
            self.chirp(sound)
```

```
summer = Bird()
summer.chirp_repeat("ji", 10)            # 重复打印'ji'10 次
```

在方法 chirp_repeat()中，我们通过 self 调用了类中的另一个方法 chirp()。

4.2 继承者们

1. 子类

类别本身还可以进一步细分成子类。比如说，鸟类可以进一步分成鸡、天鹅。在面向对象编程中，我们通过**继承**（Inheritance）来表达上述概念。

```
class Bird(object):
    feather          = True
    reproduction  = "egg"
    def chirp(self, sound):
        print(sound)


class Chicken(Bird):
    how_to_move  = "walk"
    edible     = True


class Swan(Bird):
    how_to_move  = "swim"
```

```
    edible      = False


summer = Chicken()
print(summer.feather)                         # 打印 True
summer.chirp("ji")                            # 打印'ji'
```

新定义的鸡（Chicken）类，增加了两个属性：移动方式（how_to_move）和可以食用（edible）

在类定义时，括号里为 Bird。这说明，鸡类是属于鸟类（Bird）的一个子类，即 Chicken 继承自 Bird。自然而然，鸟类就是鸡类的父类。Chicken 将享有 Bird 的所有属性。尽管我们只声明了 summer 是鸡类，但它通过继承享有了父类的属性，比如数据性的属性 feather，还有方法性的属性 chirp()。新定义的天鹅（Swan）类，同样继承自鸟类。在创建一个天鹅对象时，该对象自动拥有鸟类的属性。

图 4-1　一个鸡类的对象

很明显，我们可以通过继承来减少程序中的重复信息和重复语句。如果我们分别定义鸡类和天鹅类，而不是继承自鸟类，就必须把鸟类的属性分别输入到鸡类和天鹅类的定义中。整个过程会变得烦琐，因此，继承提高了程序的可重复使用性。最基础的情况，是类定义的括号中是

object。类 object 其实是 Python 中的一个内置类。它充当了所有类的祖先。

分类往往是人了解世界的第一步。我们将各种各样的东西分类，从而了解世界。从人类祖先开始，我们就在分类。18 世纪是航海大发现的时代，欧洲航海家前往世界各地，带回来闻所未闻的动植物标本。人们激动于大量出现的新物种，但也头痛于如何分类。卡尔·林奈提出一个分类系统，通过父类和子类的隶属关系，为进一步的科学发现铺平了道路。面向对象语言及其继承机制，正是模拟人的有意识分类过程。

2. 属性覆盖

如上所述，在继承的过程中，我们可以在子类中增加父类不存在的属性，从而增强子类的功能。此外，我们还可以在子类中替换父类已经存在了的属性，比如：

```
class Bird(object):
    def chirp(self):
        print("make sound")


class Chicken(Bird):
    def chirp(self):
        print("ji")

bird    = Bird()
bird.chirp()       # 打印 'make sound'

summer = Chicken()
```

```
summer.chirp()     # 打印'ji'
```

鸡类（Chicken）是鸟类（Bird）的子类。在鸡类（Chicken）中，我们定义了方法 chirp()。这个方法在鸟类中也有定义。通过调用可以看出，鸡类会调用自身定义的 chirp()方法，而不是父类中的 chirp()方法。从效果上看，这就好像父类中的方法 chirp()被子类中的同名属性**覆盖**（override）了一样。

通过对方法的覆盖，我们可以彻底地改变子类的行为。但有的时候，子类的行为是父类行为的拓展。这时，我们可以通过 super 关键字在子类中调用父类中被覆盖的方法，比如：

```
class Bird(object):
    def chirp(self):
        print("make sound")


class Chicken(Bird):
    def chirp(self):
        super().chirp()
        print("ji")

bird    = Bird()
bird.chirp()      # 打印"make sound"

summer = Chicken()
summer.chirp()    # 打印"make sound"和"ji"
```

在鸡类的 chirp()方法中，我们使用了 super。它是一个内置类，能产生一个指代父类的对象。通过 super，我们在子类的同名方法中调用了父类的方法。这样，子类的方法既能执行父类中的相关操作，又能定义属于自己的额外操作。

调用 super 的语句可以出现在子类方法的第一句，也可以出现在子类方法的任意其他位置。

4.3 那些年，错过的对象

1. 列表对象

我们从最初的"Hello World!"，一路狂奔到对象面前。俗话说，人生就像一场旅行，重要的是沿途的风景。事实上，前面几章已经多次出现对象。只不过，那时候没有引入对象的概念，所以只能遗憾错过。是时候回头看看，我们错过的那些对象了。

我们先来看一个熟人，数据容器中的列表。它是一个类，用内置函数可以找到类的名字：

```
>>>a = [1, 2, 5, 3, 5]
>>>type(a)
```

根据返回的结果，我们知道 a 属于 list 类型，也就是列表类型。其实，所谓的类型就是对象所属的类的名字。每个列表都属于这个 list 类。这个类是 Python 自带的，已经提前定义好的，所以称为内置类。当我们新建一个表时，实际上是在创建 list 类的一个对象。我们还可以用其他两个内置函数来进一步调查类的信息：dir()和 help()。函数 dir()用来查询一个类或者对象的所有属性。你可以尝试一下：

```
>>>dir(list)
```

我们已经用 help()函数来查询了函数的说明文档。它还可以用于显示类的说明文档。你可以尝试一下：

```
>>>help(list)
```

返回的不但有关于 list 类的描述，还简略说明了它的各个属性。顺便提一下，制作类的说明文档的方式，与制作函数说明文档类似，我们只需在类定义下用多行字符串加入自己想要的说明就可以了：

```
class HelpDemo(object):
    """
    This is a demo for using help() on a class
    """
    pass


print(help(HelpDemo))
```

程序中的 pass 是 Python 的一个特殊关键字，用于说明在该语法结构中“什么都不做”。这个关键字保持了程序结构的完整性。

通过上面的查询，我们看到类还有许多“隐藏技能”。比如下面一些 list 的方法，可以返回列表的信息：

```
>>>a = [1, 2, 3, 5, 9.0, "Good", -1, True, False, "Bye"]
```

```
>>>a.count(5)        # 计数，看总共有多少个元素 5
>>>a.index(3)        # 查询元素 3 第一次出现时的下标
```

有些方法还允许我们对列表进行修改操作：

```
>>>a.append(6)           # 在列表的最后增添一个新元素 6
>>>a.sort()              # 排序
>>>a.reverse()           # 颠倒次序
>>>a.pop()               # 去除最后一个元素，并将该元素返回。
>>>a.remove(2)           # 去除第一次出现的元素 2
>>>a.insert(0,9)         # 在下标为 0 的位置插入 9
>>>a.clear()             # 清空列表
```

通过对方法的调用，列表的功能大为增强。再次从对象的角度来认识列表，感觉就像一次美好的聚会。

2. 元组与字符串对象

元组与列表一样，都是序列。但元组不能变更内容。因此，元组只能进行查询操作，不能进行修改操作：

```
>>>a = (1, 3, 5)
>>>a.count(5)        # 计数，看总共有多少个元素 5
>>>a.index(3)        # 查询元素 3 第一次出现时的下标
```

字符串是特殊的元组，因此可以执行元组的方法：

```
>>>a="abc"
```

```
>>>a.index("c")
```

尽管字符串是元组的一种，但字符串（string）有一些方法能改变字符串。这听起来似乎违背了元组的不可变性。其实，这些方法并不是修改字符串对象，而是删除原有字符串，再建立一个新的字符串，所以并没有违背元组的不可变性。

下面总结了字符串对象的方法。str 为一个字符串，sub 为 str 的一个子字符串。s 为一个序列，它的元素都是字符串。width 为一个整数，用于说明新生成字符串的宽度。这些方法经常用于字符串的处理。

```
>>>str = "Hello World!"

>>>sub = "World"



>>>str.count(sub)         # 返回：sub 在 str 中出现的次数

>>>str.find(sub)          # 返回：从左开始，查找 sub 在 str 中第一次出现的位置。
                          # 如果 str 中不包含 sub，返回 -1

>>>str.index(sub)         # 返回：从左开始，查找 sub 在 str 中第一次出现的位置。
                          # 如果 str 中不包含 sub，举出错误

>>>str.rfind(sub)         # 返回：从右开始，查找 sub 在 str 中第一次出现的位置

                          # 如果 str 中不包含 sub，返回 -1

>>>str.rindex(sub)        # 返回：从右开始，查找 sub 在 str 中第一次出现的位置

                          # 如果 str 中不包含 sub，举出错误

>>>str.isalnum()          # 返回：True，如果所有的字符都是字母或数字

>>>str.isalpha()          # 返回：True，如果所有的字符都是字母

>>>str.isdigit()          # 返回：True，如果所有的字符都是数字
```

```
>>>str.istitle()          # 返回：True，如果所有的词的首字母都是大写

>>>str.isspace()          # 返回：True，如果所有的字符都是空格

>>>str.islower()          # 返回：True，如果所有的字符都是小写字母

>>>str.isupper()          # 返回：True，如果所有的字符都是大写字母

>>>str.split([sep, [max]])      # 返回：从左开始，以空格为分隔符（separator），
                                # 将 str 分割为多个子字符串，总共分割 max 次。
                                # 将所得的子字符串放在一个表中返回。可以以
                                # str.split(",")的方式使用其他分隔符

>>>str.rsplit([sep, [max]])     # 返回：从右开始，以空格为分隔符（separator），
                                # 将 str 分割为多个子字符串，总共分割 max 次。
                                # 将所得的子字符串放在一个表中返回。可以以
                                # str.rsplit(",")的方式使用其他分隔符

>>>str.join(s)                  # 返回：将 s 中的元素，以 str 为分隔符，

                                # 合并成为一个字符串。

>>>str.strip([sub])     # 返回：去掉字符串开头和结尾的空格。

                        # 也可以提供参数 sub，去掉位于字符串开头和结尾的 sub

>>>str.replace(sub, new_sub)    # 返回：用一个新的字符串 new_sub 替换 str 中
                                # 的 sub

>>>str.capitalize()             # 返回：将 str 第一个字母大写

>>>str.lower()                  # 返回：将 str 全部字母改为小写

>>>str.upper()                  # 返回：将 str 全部字母改为大写

>>>str.swapcase()         # 返回：将 str 大写字母改为小写，小写字母改为大写

>>>str.title()                  # 返回：将 str 的每个词（以空格分隔）的首字母
                                # 大写

>>>str.center(width)            # 返回：长度为 width 的字符串，将原字符串放入
                                # 该字符串中心，其他空余位置为空格。
```

```
>>>str.ljust(width)          # 返回：长度为 width 的字符串，将原字符串左对
                             # 齐放入该字符串，其他空余位置为空格。

>>>str.rjust(width)     # 返回：长度为 width 的字符串，将原字符串右对齐放入
                        # 该字符串，其他空余位置为空格。
```

3. 词典对象

词典同样是一个类：

```
>>>example_dict = {"a":1, "b":2}

>>>type(example_dict)
```

我们可以通过词典的 keys()方法，来循环遍历每个元素的键：

```
for k in example_dict.keys():

    print(example_dict[k])
```

通过 values()方法，可以遍历每个元素的值。或者用 items 方法，直接遍历每个元素：

```
for v in example_dict.values():

    print(v)


for k,v in example_dict.items():

    print(k, v)
```

我们也可以用 clear()方法，清空整个词典：

```
example_dict.clear()            # 清空 example_dict，example_dict 变为{}
```

4.4 意想不到的对象

1. 循环对象

Python 中的许多语法结构都是由对象实现的，循环就可以通过对象实现。循环对象并不是在 Python 诞生之初就存在的，但它的发展极为迅速，特别是在 Python 3 时代，循环对象正在成为循环的标准形式。

那么，什么是循环对象呢？所谓的循环对象包含有一个__next__()方法[1]。这个方法的目的是生成循环的下一个结果。在生成过循环的所有结果之后，该方法将抛出 StopIteration 异常。

当一个像 for 这样的循环语法调用循环对象时，它会在每次循环的时候调用__next__()方法，直到 StopIteration 出现。循环接收到这个异常，就会知道循环已经结束，将停止调用__next__()。

我们用内置函数 iter()把一个列表转变为循环对象。这个循环对象将拥有__next__()方法。我们多次调用__next__()方法，将不断返回列表的值，直到出现异常：

```
>>>example_iter = iter([1, 2])
>>>example_iter.__next__()  # 显示 1
>>>example_iter.__next__()  # 显示 2
>>>example_iter.__next__()  # 出现 StopIteration 异常。
```

我们上面重复调用__next__()的过程，就相当于手动进行了循环。我们可以把循环对象包裹在 for 中自动进行循环：

1 在 Python 2.7 中，__next__()方法的名字是 next()方法。

```
for item in iter([1, 2]):
    print(item)
```

在这里，for 结构自动调用__next__()方法，将该方法的返回值赋予给 item。循环知道出现 StopIteration 的时候结束。当然，我们可以省去内置函数 iter 的转换。这是因为，for 结构会自动执行这一转换[1]。

相对于序列，循环对象的好处在于：不用在循环还没开始的时候，就生成要使用的元素。所有要使用的元素可以在循环过程中逐渐生成。这样，不仅节省了空间，提高了效率，还会使编程更加灵活。

我们可以借助**生成器**（generator）来自定义循环对象。生成器的编写方法和函数定义类似，只是在 return 的地方改为 yield。生成器中可以有多个 yield。当生成器遇到一个 yield 时，会暂停运行生成器，返回 yield 后面的值。当再次调用生成器的时候，会从刚才暂停的地方继续运行，直到下一个 yield。生成器自身又构成一个循环对象，每次循环使用一个 yield 返回的值。

下面是一个生成器：

```
def gen():
    a = 100
    yield a
    a = a*8
    yield a
    yield 1000
```

[1] 在 Python 2.7 的 for 循环中，Python 直接从序列出对象，序列不会转换成循环对象。

该生成器共有三个 yield， 如果用作循环对象时，会进行三次循环。

```
for i in gen():
    print(i)
```

再考虑下面一个生成器:

```
def gen():
    i = 0
    while i < 10000000:
        i = i + 1
        yield i
```

这个生成器能产生 10 000 000 个元素。如果先创建序列保存这 10 000 000 个元素，再循环遍历，那么这个序列将占用大量的空间。出于同样的原因，Python 中的内置函数 range()返回的是一个循环对象，而不是一个序列[1]。

2. 函数对象

前面说过，在 Python 中，函数也是一种对象。实际上，任何一个有 __call__()特殊方法的对象都被当作是函数。比如下面的例子：

```
class SampleMore(object):
    def __call__(self, a):
        return a + 5
```

[1] 在 Python 2.7 中，range()返回的确实是一个序列。

```
add_five = SampleMore()        # 生成函数对象
print(add_five(2))             # 像一个函数一样调用函数对象，结果为7。
```

add_five 为 SampleMore 类的一个对象，当被调用时，add_five 执行加 5 的操作。

我们将在第 7 章中深入研究函数对象。

3. 模块对象

前面说过，Python 中的模块对应一个.py 文件。模块也是对象。比如，我们直接引入标准库中的模块 time：

```
import time


print(dir(time))
```

可以看到，time 有很多属性可以调用，例如 sleep()方法。我们之前用 import 语句引入其他文件中定义的函数，实际上就是引入模块对象的属性，比如：

```
from time import sleep


sleep(10)
print("wake up")
```

模块 time 的 sleep()会中止程序。调用时的参数说明给了中止的时间。

我们还可以用简单暴力的方法，一次性引入模块的所有属性：

```
from time import *

sleep(10)
```

既然知道了 sleep()是 time 的一个方法，那么我们当然可以利用对象.属性的方式来调用它。

```
import time

time.sleep(10)
```

我们在调用方法时附带上了对象名。这样做的好处是可以拓展程序的命名空间，避免同名冲突。例如，如果两个模块中都有 sleep()方法，那么我们可以通过不一样的模块名来区分开来。在 my_time.py 中写入函数：

```
def sleep(self):

    print("I am sleeping.")
```

在 main.py 中引入内置模块 time 和自定义模块 my_time：

```
import time

import my_time



time.sleep()

my_time.sleep()
```

上面的两次对 sleep()方法的调用中，我们通过对象名区分出了不同的 sleep()。

在引入模块时，我们还可以给模块换个名字：

```
import time as t


t.sleep(10)
```

在引入名字较长的模块时，这个换名字的办法能有效地挽救程序员的手指。

可以将功能相似的模块放在同一个文件夹中，构成一个模块包。比如放在 this_dir 中：

```
import this_dir.module
```

引入 this_dir 文件夹中的 module 模块。

该文件夹中必须包含一个__init__.py 的文件，提醒 Python，该文件夹为一个模块包。__init__.py 可以是一个空文件。

每个模块对象都有一个__name__属性，用来记录模块的名字，例如：

```
import time


print(time.__name__)
```

当一个.py 文件作为主程序运行时，比如 python foo.py，这个文件也会有一个对应的模块对象。但这个模块对象的__name__属性会是"__main__"。因此，我们在很多.py 文件中可以看到下面的语句：

```
if __name__ == "__main__":
    ...
```

它的意思是说，如果这个文件作为一个主程序运行，那么将执行下面的操作。有的时候，一个.py 文件中同时有类和对象的定义，以及对它们的调用。当这些.py 文件作为库引入时，我们可能并不希望执行这些调用。通过把调用语句放到上面的 if 中，就可以在调用时不执行这些调用语句了。

4. 异常对象

前面我们提到过，可以在程序中加入异常处理的 try 结构，捕捉程序中出现的异常。实际上，我们捕捉到的也是一个对象，比如：

```
try:
    m = 1/0
except ZeroDivisionError as e:
    print("Catch NameError in the sub-function")

print(type(e))       # 类型为"exceptions.ZeroDivisionError"
print(dir(e))        # 异常对象的属性
print(e.message)     # 异常信息 integer division or modulo by zero
```

利用 except... as... 的语法，我们在 except 结果中用 e 来代表捕获到的类型对象。关键字 except 直接跟随的 ZeroDivisionError 实际上是异常对象的类。正因为如此，我们在举出异常时会创建一个异常对象：

```
raise ZeroDivisionError()
```

在 Python 中，循环、函数、模块、异常都是某种对象。当然，我们可以完全按照面向过程中的方式来调用这些语法，而不必关注它们底层的对象模型。但出于学习的目的，这些语法结构的对象模型能加深我们对 Python 的理解。

附录 A　代码规范

类的命名采用首字母大写的英文单词。如果由多个单词连接而成，则每个单词的首字母都大写。单词之间不出现下画线。

对象名、属性名和方法名，全部用小写字母。单词之间用下画线连接。

第 5 章

对象带你飞

了解面向对象编程的基础之后，我们就可以利用 Python 中多种多样的对象了。这些对象能提供丰富的功能，正如本章我们将看到的文件读写、时间日期管理、正则表达式和网络爬虫。熟悉了这些功能强大的对象后，我们就可以实现很多有用的功能了。用程序来实现这些功能，并在电脑上实际运行，才是编程的趣味所在。

5.1 存储

1. 文件

我们知道，Python 中的数据都保存在内存中。当电脑断电时，就好像患了失忆症，内存中的数据就会消失。另一方面，如果 Python 程序运行结束，那么分配给这个程序的内存空间也会清空。为了长期持续地存储，Python 必须把数据存储在磁盘中。这样，即使断电或程序结束，数据依然存在。

磁盘以文件为单位来存储数据。对于计算机来说，数据的本质就是有序的二进制数序列。如果以字节为单位，也就是每 8 位二进制数序列为单位，那么这个数据序列就称为文本。这是因为，8 位的二进制数序列正好对应 ASCII 编码中的一个字符。而 Python 能够借助文本对象来读写文件。

在 Python 中，我们可以通过内置函数 open 来创建文件对象。在调用 open 时，需要说明文件名，以及打开文件的方式：

```
f = open(文件名，方式)
```

文件名是文件存在于磁盘的名字，打开文件的常用方式有：

```
"r" # 读取已经存在的文件

"w" # 新建文件，并写入
```

```
"a" # 如果文件存在，那么写入到文件的结尾。如果文件不存在，则新建文件并写入
```

例如：

```
>>>f = open("test.txt","r")
```

就是用只读的方式，打开了一个名为 test.txt 的文件。

通过上面返回的对象，我们可以读取文件：

```
content = f.read(10)        # 读取 10 个字节的数据
content = f.readline()      # 读取一行
content = f.readlines()     # 读取所有行，储存在列表中，每个元素是一行。
```

如果以"w"或"a"方式打开，那么我们可以写入文本：

```
f = open("test.txt", "w")
f.write("I like apple")     # 将"I like apple"写入文件
```

如果想写入一行，则需要在字符串末尾加上换行符。在 UNIX 系统中，换行符为"\n"。在 Windows 系统中，换行符为"\r\n"。

```
f.write("I like apple\n")    # UNIX
f.write("I like apple\r\n")  # Windows
```

打开文件端口将占用计算机资源，因此，在读写完成后，应该及时的用文件对象的 close 方法关闭文件：

```
f.close()
```

2. 上下文管理器

文件操作常常和上下文管理器一起使用。**上下文管理器**（context manager）用于规定某个对象的使用范围。一旦进入或者离开该使用范围，则会有特殊操作被调用，比如为对象分配或者释放内存。上下文管理器可用于文件操作。对于文件操作来说，我们需要在读写结束时关闭文件。程序员经常会忘记关闭文件，无谓的占用资源。上下文管理器可以在不需要文件的时候，自动关闭文件。

下面是一段常规的文件操作程序：

```
# 常规文件操作
f = open("new.txt", "w")
print(f.closed)               # 检查文件是否打开
f.write("Hello World!")
f.close()

print(f.closed)               # 打印 True
```

如果我们加入上下文管理器的语法，就可以把程序改写为：

```
# 使用上下文管理器
with open("new.txt", "w") as f:
    f.write("Hello World!")

print(f.closed)
```

第二段程序就使用了 with...as...结构。上下文管理器有隶属于它的程序块，当隶属的程序块执行结束时，也就是语句不再缩进时，上下文管理器就会自动关闭文件。在程序中，我们调用了 f.closed 属性来验证是否已经关闭。通过上下文管理器，我们相当于用缩进来表达文件对象的打开范围。对于复杂的程序来说，缩进的存在能让程序员更清楚地意识到文件在哪些阶段打开，减少忘记关闭文件的可能性。

上面的上下文管理器基于 f 对象的__exit__()特殊方法。使用上下文管理器的语法时，Python 会在进入程序块之前调用文件对象的__enter__()方法，在结束程序块的时候调用文件对象的__exit__()方法。在文件对象的__exit__()方法中，有 self.close()语句。因此，在使用上下文管理器时，我们就不用明文关闭文件了。

任何定义了__enter__()方法和__exit__()方法的对象都可以用于上下文管理器。下面，我们自定义一个类 Vow，并定义它的__enter__()方法和__exit__()方法。因此，由 Vow 类的对象可以用于上下文管理器：

```
class Vow(object):
    def __init__(self, text):
        self.text = text
    def __enter__(self):
        self.text = "I say: " + self.text   # 增加前缀
        return self                         # 返回一个对象
    def __exit__(self,exc_type,exc_value,traceback):
        self.text = self.text + "!"        # 增加后缀


with Vow("I'm fine") as myVow:
    print(myVow.text)


print(myVow.text)
```

运行结果如下：

```
I say: I'm fine

I say: I'm fine!
```

初始化对象时，对象的 text 属性是"I'm fine"。我们可以看到，在进入上下文和离开上下文时，对象调用了__enter__()方法和__exit__()方法，从而造成对象的 text 属性改变。

__enter__()返回一个对象。上下文管理器会使用这一对象作为 as 所指的变量。我们自定义的__enter__()返回的是 self，也就是新建的 Vow 类对象本身。在__enter__()中，我们为 text 属性增加了前缀"I say:"。在__exit__()中，我们为 text 属性增加了后缀"!"。

值得注意的是，__exit__()有四个参数。当程序块中出现异常时，__exit__()参数中的 exc_type、exc_value、traceback 用于描述异常。我们可以根据这三个参数进行相应的处理。如果正常运行结束，则这三个参数都是 None。

3. pickle 包

我们能把文本存于文件。但 Python 中最常见的是对象，当程序结束或计算机关机时，这些存在于内存的对象会消失。那么，我们能否把对象保存到磁盘上呢？

利用 Python 的 pickle 包就可以做到这一点。英文里，pickle 是腌菜的意思。大航海时代的海员们常把蔬菜做成腌菜，装在罐头里带着走。Python 中的 pickle 也有类似的意思。通过 pickle 包，我们可以把某个对象保存下来，再存成磁盘里的文件。

实际上，对象的存储分为两步。第一步，我们将对象在内存中的数据直接抓取出来，转换成一个有序的文本，即所谓的序列化（Serialization）。第二步，将文本存入文件。等到需要时，我们从文件中读出文本，再放入内存，就可以获得原有的对象。下面是一个具体的例子，首先是第一步序列化，将内存中的对象转换为文本流：

```
import pickle


class Bird(object):

    have_feather = True

    reproduction_method  = "egg"


summer        = Bird()                    # 创建对象

pickle_string = pickle.dumps(summer)     # 序列化对象
```

使用 pickle 包的 dumps()方法可以将对象转换成字符串的形式。随后我们用字节文本的存储方法，将该字符串储存在文件。继续第二步：

```
with open("summer.pkl", "wb") as f:

    f.write(pickle_string)
```

上面程序故意分成了两步，以便更好地展示整个过程。其实，我们可以使用 dump()的方法，一次完成两步：

```
import pickle


class Bird(object):

    have_feather = True
```

```
    reproduction_method  = "egg"


summer = Bird()
with open("summer.pkl", "w") as f:
    pickle.dump(summer, f)          # 序列化并保存对象
```

对象 summer 将存储在文件 summer.pkl 中。有了这个文件，我们就可以在必要的时候读取对象了。读取对象与存储对象的过程正好相反。首先，我们从文件中读出文本。然后使用 pickle 的 loads()方法，将字符串形式的文本转换为对象。我们也可以使用 pickle 的 load()的方法，将上面两步合并。

有时候，仅仅是反向恢复还不够。对象依赖于它的类，所以 Python 在创建对象时，需要找到相应的类。因此当我们从文本中读取对象时，程序中必须已经定义过类。对于 Python 总是存在的内置类，如列表、词典、字符串等，不需要再在程序中定义。但对于用户自定义的类，就必须要先定义类，然后才能从文件中载入该类的对象。下面是一个读取对象的例子：

```
import pickle


class Bird(object):
    have_feather         = True
    reproduction_method  = "egg"


with open("summer.pkl", "rb") as f:
```

```
    summer = pickle.load(f)

print(summer.have_feather)                       # 打印 True
```

5.2 一寸光阴

1. time 包

计算机可以用来计时。从硬件上来说，计算机的主板上有一个计时的表。我们可以手动或者根据网络时间来调表。这块表有自己的电池，所以即使断电，表也不会停。在硬件的基础上，计算机可以提供**挂钟时间**（Wall Clock Time）。挂钟时间是从某个固定时间起点到现在的时间间隔。对于 UNIX 系统来说，起点时间是 1970 年 1 月 1 日的 0 点 0 分 0 秒。其他的日期信息都是从挂钟时间计算得到的。此外，计算机还可以测量 CPU 实际运行的时间，也就是**处理器时间**（Processor Clock Time），以测量计算机性能。当 CPU 处于闲置状态时，处理器时间会暂停。

我们能通过 Python 编程来管理时间和日期。标准库的 time 包提供了基本的时间功能。下面使用 time 包：

```
import time


print(time.time())   # 挂钟时间，单位是秒
```

还能借助模块 time 测量程序运行时间。比如：

```
import time


start = time.clock()
```

```
for i in range(100000):
    print(i**2)

end = time.clock()
print(end - start)
```

上面的程序调用了两次 clock()方法，从而测量出镶嵌其间的程序所用的时间。在不同的计算机系统上，clock()的返回值会有所不同。在 UNIX 系统上，返回的是处理器时间。当 CPU 处于闲置状态时，处理器时间会暂停。因此，我们获得的是 CPU 运行时间。在 Windows 系统上，返回的则是挂钟时间。

方法 sleep()可以让程序休眠。根据 sleep()接收到的参数，程序会在某时间间隔之后醒来继续运行：

```
import time


print("start")
time.sleep(10)      # 休眠 10 秒
print("wake up")
```

time 包还定义了 struct_time 对象。该对象将挂钟时间转换为年、月、日、时、分、秒等，存储在该对象的各个属性中，比如 tm_year、tm_mon、tm_mday……下面几种方法可以将挂钟时间转换为 struct_time 对象：

```
st = time.gmtime()       # 返回 struct_time 格式的 UTC 时间
st = time.localtime()    # 返回 struct_time 格式的当地时间，当地时区根据系
 # 统环境决定。
```

我们也可以反过来，把一个 struct_time 对象转换为 time 对象：

```
s  = time.mktime(st)    # 将 struct_time 格式转换成挂钟时间
```

2. datetime 包

datetime 包是基于 time 包的一个高级包， 用起来更加便利。datetime 可以理解为由 date 和 time 两个部分组成。date 是指年、月、日构成的日期，相当于日历。time 是指时、分、秒、毫秒构成的一天 24 小时中的具体时间，提供了与手表类似的功能。因此，datetime 模块下有两个类：datetime.date 类和 datetime.time 类。你也可以把日历和手表合在一起使用，即直接调用 datetime.datetime 类。这里只介绍综合性的 datetime.datetime 类，单独的 datetime.date 和 datetime.time 类与之类似。

一个时间点，比如 2012 年 9 月 3 日 21 时 30 分，我们可以用如下方式表达：

```
import datetime


t = datetime.datetime(2012,9,3,21,30)

print(t)
```

对象 t 有如下属性：

```
hour, minute, second, millisecond, microsecond：小时、分、秒、毫秒、微秒

year, month, day, weekday：年、月、日、星期几
```

借助 datetime 包，我们还可以进行时间间隔的运算。它包含一个专门代表时间间隔对象的类，即 timedelta。一个 datetime.datetime 的时间点加

上一个时间间隔，就可以得到一个新的时间点。比如今天的上午 3 点加上 5 个小时，就可以得到今天的上午 8 点。同理，两个时间点相减可以得到一个时间间隔：

```
import datetime


t       = datetime.datetime(2012,9,3,21,30)
t_next  = datetime.datetime(2012,9,5,23,30)
delta1  = datetime.timedelta(seconds = 600)
delta2  = datetime.timedelta(weeks = 3)

print(t + delta1)         # 打印 2012-09-03 21:40:00
print(t + delta2)         # 打印 2012-09-24 21:30:00
print(t_next - t)         # 打印 2 days, 2:00:00
```

在给 datetime.timedelta 传递参数时，除了上面的秒（seconds）和星期（weeks）外，还可以是天（days）、小时（hours）、毫秒（milliseconds）、微秒（microseconds）。

两个 datetime 对象能进行比较运算，以确定哪个时间间隔更长。比如使用上面的 t 和 t_next：

```
print(t > t_next)              # 打印 False
```

3. 日期格式

对于包含有时间信息的字符串来说，我们可以借助 datetime 包，把它转换成 datetime 类的对象，比如：

```
from datetime import datetime

str    = "output-1997-12-23-030000.txt"

format = "output-%Y-%m-%d-%H%M%S.txt"
t      = datetime.strptime(str, format)
print(t)           # 打印 1997-12-23 03:00:00
```

包含有时间信息的字符串是"output-1997-12-23-030000.txt"，是一个文件名。字符串 format 定义了一个格式。这个格式中包含了几个由%引领的特殊字符，用来代表不同时间信息。%Y 表示年份、%m 表示月、%d 表示日、%H 表示 24 小时制的小时、%M 表示分、%S 表示秒。通过 strptime 方法，Python 会把需要解析的字符串往格式上凑。比如说，在格式中%Y 的位置，正好看到"1997"，就认为 1997 是 datetime 对象 t 的年。以此类推，就从字符串中获得了 t 对象的时间信息。

反过来，我们也可以调用 datetime 对象的 strftime 方法，将一个 datetime 对象转换为特定格式的字符串，比如：

```
from datetime import datetime

format = "%Y-%m-%d %H:%M"
t = datetime(2012,9,5,23,30)
print(t.strftime(format))              # 打印 2012-09-05 23:30
```

可以看到，格式化转化的关键是%号引领的特殊符号。这些特殊符号有很多种，分别代表不同的时间信息。常用的特殊符号还有：

```
%A：表示英文的星期几，如 Sunday、Monday……

%a：简写的英文星期几，如 Sun、Mon……

%I：表示小时，12 小时制

%p：上午或下午，即 AM 或 PM

%f：表示毫秒，如 2、0014、000001
```

但如果想在格式中表达%这个字符本身，而不是特殊符号，那么可以使用%%。

5.3 看起来像那样的东西

1. 正则表达式

正则表达式（Regular Expression）的主要功能是从字符串（string）中通过特定的模式，搜索希望找到的内容。前面，我们已经简单介绍了字符串对象的一些方法。我们可以通过这些方法来实现简单的搜索功能，例如，从字符串"I love you"中搜索"you"这一子字符串。但有些时候，我们只是想要找到符合某种格式的字符串，而不是具体的"you"。类似的例子还有很多，比如说找到小说中的所有人名，再比如说想找到字符串中包含的数字。幸好，这种格式化的搜索可以写成正则表达式。Python 中可以使用包 re 来处理正则表达式。下面是一个简单的应用，目的是找到字符串中的数字：

```
import re

m = re.search("[0-9]","abcd4ef")

print(m.group(0))
```

re.search()接收两个参数，第一个参数"[0-9]"就是我们所说的正则表达式，它告诉 Python，“听着，我想从字符串中找从 0 到 9 的任意一个数字字符”。

re.search()如果从第二个参数中找到符合要求的子字符串，就返回一个对象 m，你可以通过 m.group()的方法查看搜索到的结果。如果没有找到符合要求的字符，则 re.search()会返回 None。

除了 search()方法外，re 包还提供了其他搜索方法，它们的功能有所差别：

```
m = re.search(pattern, string)    # 搜索整个字符串，直到发现符合的子字符串

m = re.match(pattern, string)     # 从头开始检查字符串是否符合正则表达式。
                                  # 必须从字符串的第一个字符开始就相符
```

我们可以从这两个函数中选择一个进行搜索。上面的例子中，如果使用 re.match()的话，则会得到 None，因为字符串的起始为"a"，不符合"[0-9]"的要求。再一次，我们可以使用 m.group()来查看找到的字符串。

我们还可以在搜索之后将搜索到的子字符串进行替换。下面的 sub()利用正则 pattern 在字符串 string 中进行搜索。对于搜索到的字符串，用另一个字符串 replacement 进行替换。函数将返回替换后的字符串：

```
str = re.sub(pattern, replacement, string)
```

此外，常用的方法还有

```
re.split()       # 根据正则表达式分割字符串， 将分割后的所有子字符串
                 # 放在一个表(list)中返回

re.findall()     # 根据正则表达式搜索字符串，将所有符合条件的子字符串
                 # 放在一个表(list)中返回
```

2. 写一个正则表达式

正则表达式的功能其实非常强大，关键在于如何写出有效的正则表达式。我们先看正则表达式的常用语法。正则表达式用某些符号代表单个字符：

```
.             # 任意的一个字符
a|b           # 字符 a 或字符 b
[afg]         # a 或者 f 或者 g 的一个字符
[0-4]         # 0-4 范围内的一个字符
[a-f]         # a-f 范围内的一个字符
[^m]          # 不是 m 的一个字符
\s            # 一个空格
\S            # 一个非空格
\d            # 一个数字，相当于[0-9]
\D            # 一个非数字，相当于[^0-9]
\w            # 数字或字母，相当于[0-9a-zA-Z]
\W            # 非数字非字母，相当于[^0-9a-zA-Z]
```

正则表达式还可以用某些符号来表示某种形式的重复，这些符号紧跟在单个字符之后，就表示多个这样类似的字符：

```
*          # 重复超过 0 次或更多次
+          # 重复 1 次或超过 1 次
?          # 重复 0 次或 1 次
{m}        # 重复 m 次。比如，a{4}相当于 aaaa，再比如，[1-3]{2}相当于[1-3][1-3]
```

```
{m, n}      # 重复m到n次。比如说a{2, 5}表示a重复2到5次。
            # 小于m次的重复，或者大于n次的重复都不符合条件
```

下面是重复符号的例子：

正则表达	相符的字符串举例	不相符字符串举例
[0-9]{3,5}	"9678"	"12", "1234567"
a?b	"b","ab"	"cb"
a+b	"aaaaab"	"b"

最后，还有位置相关的符号：

```
^           # 字符串的起始位置
$           # 字符串的结尾位置
```

下面是位置符号的一些例子：

正则表达	相符的字符串举例	不相符的字符串
^ab.*c$	abeec	cabeec

3. 进一步提取

有的时候，我们想在搜索的同时，对结果进一步提炼。比如说，我们从下面一个字符串中提取信息：

```
content = "abcd_output_1994_abcd_1912_abcd"
```

如果我们把正则表达式写成：

```
"output_\d{4}"
```

那么用 search()方法可以找到"output_1994"。但如果我们想进一步提取出 1994 本身，则可以在正则表达式上给目标加上括号：

```
output_(\d{4})
```

括号()包围了一个小的正则表达式\d{4}。这个小的正则表达式能从结果中进一步筛选信息，即四位的阿拉伯数字。用括号()圈起来的正则表达式的一部分，称为群（group）。一个正则表达式中可以有多个群。

我们可以 group(number)的方法来查询群。需要注意的是，group(0)是整个正则表达的搜索结果。group(1)是第一个群，以此类推：

```
import re


m = re.search("output_(\d{4})", "output_1986.txt")

print(m.group(1))    # 将找到 4 个数字组成的 1986
```

我们还可以将群命名，以便更好地使用 group 查询：

```
import re


m = re.search("output_(?P<year>\d{4})",

          "output_1986.txt")              #(?P<name>...)  为 group 命名

print(m.group("year"))                    # 打印 1986
```

上面的(?P<year>...)括住了一个群，并把它命名为 year。用这种方式来产生群，就可以通过"year"这个键来提取结果。

5.4 Python 有网瘾

1. HTTP 通信简介

通信是一件奇妙的事情。它让信息在不同的个体间传递。动物们散发着化学元素，传递着求偶信息。人则说着甜言蜜语，向情人表达爱意。猎人们吹着口哨，悄悄地围拢猎物。服务生则大声地向后厨吆喝，要加两套炸鸡和啤酒。红绿灯指挥着交通，电视上播放着广告，法老的金字塔刻着禁止进入的诅咒。有了通信，每个人都和周围的世界连接。在通信这个神秘的过程中，参与通信的个体总要遵守特定的**协议**（Protocol）。在日常交谈中，我们无形中使用约定俗成的语法。如果两个人使用不同的语法，那么就是以不同的协议来交流，最终会不知所云。

计算机之间的通信就是在不同的计算机间传递信息。所以，计算机通信也要遵循通信协议。为了多层次地实现全球互联网通信，计算机通信也有一套多层次的协议体系。HTTP 协议是最常见的一种网络协议。它的全名是 the Hypertext Transfer Protocol，即超文本传输协议。HTTP 协议能实现文件，特别是超文本文件的传输。在互联网时代，它是应用最广的互联网协议之一。事实上，当我们访问一个网址时，通常会在浏览器中输入 http 打头的网址，如 http://www.example.com。这里的 http 字样，说的就是要用 HTTP 协议访问相应网站。

HTTP 的工作方式类似于快餐点单：

1）请求（request）：顾客向服务员提出请求“来个鸡腿汉堡”。

2）回复（response）：服务员根据情况，回应顾客的请求。

根据情况不同，服务员的回应可能有很多种，比如：

- 服务员准备鸡腿汉堡，将鸡腿汉堡交给顾客。（一切 OK）
- 服务员发现自己工作在甜品站。他让顾客前往正式柜台点单。（重新定向）
- 服务员告诉顾客鸡腿汉堡没有了。(无法找到)

交易结束后，服务员就将刚才的交易抛到脑后，准备服务下一位顾客。

图 5-1　HTTP 服务器

计算机发出请求会遵照下面的格式：

```
GET /index.html HTTP/1.1

Host: www.example.com
```

在起始行中，有三段信息：

- GET 方法。用于说明想要服务器执行的操作。

- /index.html 资源的路径。这里指向服务器上的 index.html 文件。
- HTTP/1.1 协议的版本。HTTP 第一个广泛使用的版本是 1.0，当前版本为 1.1。

早期的 HTTP 协议只有 GET 方法。遵从 HTTP 协议，服务器接收到 GET 请求后，会将特定资源传送给客户。这类似于客户点单，并获得汉堡的过程。GET 方法之外，最常用的是 POST 方法。它用于从客户端向服务器提交数据，请求的后面会附加上要提交的数据。服务器会对 POST 方法提交的数据进行一定的处理。样例请求中有一行头信息。这个头信息的类型是 Host，说明了想要访问的服务器的地址。

服务器在接收到请求之后，会根据程序，生成对应于该请求的回复，比如：

```
HTTP/1.1 200 OK
Content-type: text/plain
Content-length: 12

Hello World!
```

回复的起始行包含三段信息：

- HTTP/1.1：协议版本
- 200：状态码（status code）
- OK：状态描述

OK 是对状态码 200 的文字描述，它只是为了便于人类的阅读。电脑只关心三位的状态码（Status Code），即这里的 200。200 表示一切 OK，资源正常返回。状态码代表了服务器回应的类型。其他常见的状态码还有很多，例如：

- 302，重新定向（Redirect）：我这里没有你想要的资源，但我知道另一个地方 xxx 有，你可以去那里找。
- 404，无法找到（Not Found）：我找不到你想要的资源，无能为力。

下一行 Content-type 说明了主体所包含的资源的类型。根据类型的不同，客户端可以启动不同的处理程序（比如显示图像文件、播放声音文件等）。下面是一些常见的资源：

- text/plain：普通文本
- text/html：HTML 文本
- image/jpeg：jpeg 图片
- image/gif：gif 图片

Content-length 说明了主体部分的长度，以字节（byte）为单位。

剩下的是回复的主体部分，包含了主要的文本数据。这里是普通类型的一段文本，即：

```
Hello World!
```

通过一次 HTTP 交易，客户端从服务器那里获得了自己请求的资源，即这里的文本。上面是对 HTTP 协议工作过程的一个简要介绍，省略了很多细节。以此为基础，我们可以看看 Python 是如何进行 HTTP 通信的。

2. http.client 包

Python 标准库中的 http.client 包可用于发出 HTTP 请求。在上一节中我们已经看到，HTTP 请求最重要的一些信息是主机地址、请求方法和资源路径。只要明确这些信息，再加上 http.client 包的帮助，就可以发出 HTTP 请求了。

```
import http.client



conn     = http.client.HTTPConnection("www.example.com") # 主机地址

conn.request("GET", "/")                # 请求方法和资源路径

response = conn.getresponse()           # 获得回复


print(response.status, response.reason) # 回复的状态码和状态描述

content = response.read()               # 回复的主体内容

print(content)
```

如果网络正常，那么上面的程序将访问网址，并获得对应位置的超文本文件。在浏览器中，这个超文本文件显示为图 5-2 所示内容。

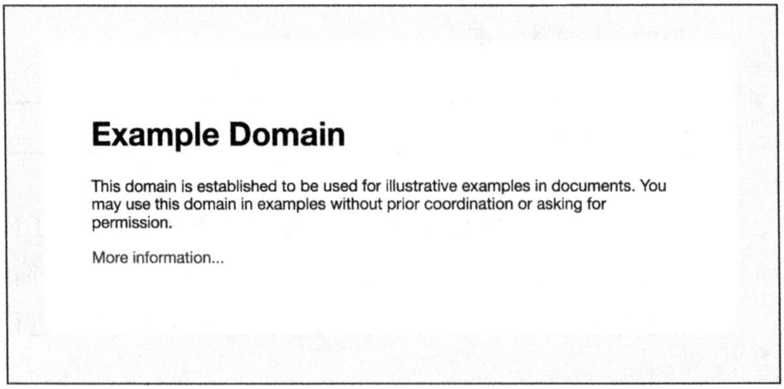

Example Domain

This domain is established to be used for illustrative examples in documents. You may use this domain in examples without prior coordination or asking for permission.

More information...

图 5-2　超文本文件显示的内容

5.5 写一个爬虫

有了前面四个小节的准备，我们可以用 Python 来写一个相对复杂的程序了，即一个网络爬虫。这段程序能自动浏览网页，并从网页上抓取我们想要的信息。网络爬虫应用很广，很多搜索引擎都是用爬虫抓取并分析网页信息，从而让不同的网页对应不同的搜索关键字。许多研究互联网行为的学者也会用爬虫抓取网络信息，用来进一步分析人们使用互联网的行为。还有一些下载网络视频或图片的软件，也是基于爬虫来完成主要工作的。很多时候，爬虫可以非常复杂，运行起来也相当耗时。这里，我们想用爬虫做一件简单的事，即让它访问笔者的博客首页，提取出最近文章的发表日期和阅读量。

第一步当然是访问博客首页，获得首页的内容。根据 5.4 节的内容，这非常简单。笔者的博客的地址是 www.cnblogs.com/vamei，主机地址是 www.cnblogs.com，资源位置是/vamei。这个页面是一个超文本文件，所以我们用 HTTP 协议访问：

```
import http.client


conn     = http.client.HTTPConnection("www.cnblogs.com") # 主机地址
conn.request("GET", "/vamei")               # 请求方法和资源路径
response = conn.getresponse()               # 获得回复

content = response.read()                   # 回复的主体内容
content = content.split("\r\n")             # 分割成行
```

这里的 content 是列表，列表的每个元素是超文本的一行。对于我们

所关心的信息来说，它们存在的行看起来是下面的样子：

```
<div class="postDesc">posted @ 2014-08-12 20:55 Vamei 阅读(6221) 评论(11)
<a  href  ="http://i.cnblogs.com/EditPosts.aspx?postid=3905833"  rel=
"nofollow">编辑</a></div>
```

我们想要的信息，如 2014-08-12 20:55，以及阅读量 6221 镶嵌在一串文字中。要想提取出类似这样的信息，我们很自然地想到了 5.3 节的正则表达式：

```
import re



pattern = "posted @ (\d{4}-[0-1]\d-{0-3}\d [0-2]\d:[0-6]\d) Vamei 阅读
\((\d+)\) 评论"

for line in content:

    m = re.search(pattern, line)

    if m != None:

        print(m.group(1), m.group(2))
```

把两段程序合在一起，将打印出如下结果：

```
2016-03-23 14:08 9622

2016-03-23 07:12 1787

2016-03-22 11:20 1161

2015-05-11 13:08 5864

2014-10-01 12:50 5584

2014-09-01 05:41 9073
```

```
2014-08-20 10:48 6971

2014-08-16 11:51 5682

2014-08-13 22:43 7119

2014-08-12 20:55 6221
```

根据本章的内容，你还可以把日期转换成日期对象，进行更复杂的操作，如查询文章是星期几发表的。你还可以把上面的内容写入文件，长久的保存起来。可以看到，这个简单的程序中包含了不同方面的知识内容。编程的乐趣就在于此，通过对基本知识的组合，创造出新颖有趣的功能。

第6章

与对象的深入交往

在本章的前半部分，我们将一起探索 Python“一切皆对象”背后的含义。许多语法，如运算符、元素引用、内置函数中，其实都来自于一些特殊的对象。这样的设计既满足了 Python 多范式的需求，又能以简单的体系满足丰富的语法需求，如运算符重载与即时特性等。而在本章后半部分，我们将深入到对象相关的重要机制，如动态类型和垃圾回收。对这部分内容的学习，将让我们对 Python 的理解更上一个台阶。

6.1 一切皆对象

1. 运算符

我们知道，list 是列表的类。如果用 dir(list)调查 list 的属性，能看到一个属性是__add__()。从样式上看，__add__()是特殊方法。它特殊在哪呢？这个方法定义了“+”运算符对于 list 对象的意义，两个 list 的对象相加时，会进行合并列表的操作。结果为合并在一起的一个列表：

```
>>>print([1, 2, 3] + [5, 6, 9])   # 得到[1, 2, 3, 5, 6, 9]
```

运算符，比如+、-、>、 <、and、or 等，都是通过特殊方法实现的，比如：

```
"abc" + "xyz"                       # 连接字符串，获得"abcxyz"
```

实际执行了如下操作：

```
"abc".__add__("xyz")
```

两个对象是否能进行加法运算，首先就要看相应的对象是否有__add__()方法。一旦相应的对象有__add__()方法，即便这个对象从数学上不可加，我们也可以执行加法操作。而相对于特殊方法，功能相同的运算符更加简洁，能够简化书写。下面的一些运算用特殊方法来写会有些麻烦。

尝试下面的操作，看看效果，再想想它对应的运算符：

```
>>>(1.8).__mul__(2.0)  # 1.8*2.0

>>>True.__or__(False)  # True or False
```

这些运算相关的特殊方法还能改变执行运算的方式。比如，列表在 Python 中是不可以相减的。你可以测试下面的操作：

```
>>>[1,2,3] - [3,4]
```

会有错误信息，说明列表对象不能进行减法操作，即列表没有定义“-”运算符。我们可以创建一个列表的子类，通过增加__sub__()方法，来添加减法操作的定义，例如：

```
class SuperList(list):

    def __sub__(self, b):

        a = self[:]   # 由于继承于 list，self 可以利用[:]的引用来表示整个列表
        b = b[:]

        while len(b) > 0:

            element_b = b.pop()

            if element_b in a:

                a.remove(element_b)

        return a
```

```
print(SuperList([1, 2, 3]) - SuperList([3, 4])) # 打印[1, 2]
```

上面的例子中，内置函数 len()用来返回列表所包含的元素的总数。内置函数__sub__()定义了“-”的操作：从第一个表中去掉第二个表中出现的元素。于是，我们创建的两个 SuperList 对象，就可以执行减法操作了。即使__sub__()方法已经在父类中定义过，但在子类中重新定义后，子类中的方法会覆盖父类的同名方法。即运算符将被重新定义。

定义运算符对于复杂的对象非常有用。例如，人类有多个属性，比如姓名、年龄和身高。我们可以把人类的比较（>、<、=）定义成只看年龄。这样就可以根据自己的目的，将原本不存在的运算增加在对象上了。如果你参加过军训，那么很可能玩过一个“向左转向右转”的游戏。当教官喊口令时，你必须要采取相反的动作。比如说听到“向左转”，就要执行向右转的动作。这个游戏中实际上就重新定义了“向左转”和“向右转”的运算符。

2. 元素引用

下面是我们常见的表元素引用方式：

```
li = [1, 2, 3, 4, 5, 6]
print(li[3])                # 打印 4
```

上面的程序运行到 li[3]的时候，Python 发现并理解[]符号，然后调用__getitem__()方法。

```
li = [1, 2, 3, 4, 5, 6]
print(li.__getitem__(3))    # 打印 4
```

看下面的操作，想想它的对应：

```
li = [1, 2, 3, 4, 5, 6]

li.__setitem__(3, 0)

print(li)                # 返回[1, 2, 3, 0, 5, 6]



example_dict = {"a":1, "b":2}

example_dict.__delitem__("a")

print(example_dict)      # 返回{"b":2}
```

3. 内置函数的实现

与运算符类似，许多内置函数也都是调用对象的特殊方法。比如：

```
len([1,2,3])       # 返回表中元素的总数
```

实际上做的是：

```
[1,2,3].__len__()
```

相对于__len__()，内置函数 len()也起到了简化书写的作用。

尝试下面的操作，想一下它的对应内置函数：

```
(-1).__abs__()

(2.3).__int__()
```

6.2 属性管理

1. 属性覆盖的背后

我们在继承中，提到了 Python 中属性覆盖的机制。为了深入理解属性覆盖，我们有必要理解 Python 的__dict__属性。当我们调用对象的属性时，这个属性可能有很多来源。除了来自对象属性和类属性，这个属性还可能是从祖先类那里继承来的。一个类或对象拥有的属性，会记录在__dict__中。这个__dict__是一个词典，键为属性名，对应的值为某个属性。Python 在寻找对象的属性时，会按照继承关系依次寻找__dict__。

我们看下面的类和对象，Chicken 类继承自 Bird 类，而 summer 为 Chicken 类的一个对象：

```
class Bird(object):
    feather = True

    def chirp(self):
        print("some sound")


class Chicken(Bird):
    fly = False

    def __init__(self, age):
        self.age = age

    def chirp(self):
```

```
        print("ji")


summer = Chicken(2)
print("===> summer")
print(summer.__dict__)

print("===> Chicken")
print(Chicken.__dict__)

print("===> Bird")
print(Bird.__dict__)

print("===> object")
print(object.__dict__)
```

下面是我们的输出结果：

```
===> summer
{'age': 2}
===> Chicken
{'fly': False, 'chirp': <function chirp at 0x10c550410>, '__module__':
'__main__', '__doc__': None, '__init__': <function __init__ at
0x10c550398>}
===> Bird
{'__module__': '__main__', 'chirp': <function chirp at 0x10c550320>,
'__dict__': <attribute '__dict__' of 'Bird' objects>, 'feather': True,
'__weakref__': <attribute '__weakref__' of 'Bird' objects>, '__doc__':
```

```
None}
===> object
{'__setattr__': <slot wrapper '__setattr__' of 'object' objects>, '__reduce_ex__': <method '__reduce_ex__' of 'object' objects>, '__new__': <built-in method __new__ of type object at 0x10c14fa80>, '__reduce__': <method '__reduce__' of 'object' objects>, '__str__': <slot wrapper '__str__' of 'object' objects>, '__format__': <method '__format__' of 'object' objects>, '__getattribute__': <slot wrapper '__getattribute__' of 'object' objects>, '__class__': <attribute '__class__' of 'object' objects>, '__delattr__': <slot wrapper '__delattr__' of 'object' objects>, '__subclasshook__': <method '__subclasshook__' of 'object' objects>, '__repr__': <slot wrapper '__repr__' of 'object' objects>, '__hash__': <slot wrapper '__hash__' of 'object' objects>, '__sizeof__': <method '__sizeof__' of 'object' objects>, '__doc__': 'The most base type', '__init__': <slot wrapper '__init__' of 'object' objects>}
```

这个顺序是按照与 summer 对象的亲近关系排列的。第一部分为 summer 对象自身的属性，也就是 age。第二部分为 chicken 类的属性，比如 fly 和__init__()方法。第三部分为 Bird 类的属性，比如 feather。最后一部分属于 object 类，有诸如__doc__之类的属性。

如果我们用内置函数 dir 来查看对象 summer 的属性的话，可以看到 summer 对象包含了全部四个部分。也就是说，对象的属性是分层管理的。对象 summer 能接触到的所有属性，分别存在 summer/Chicken/Bird/object 这四层。当我们需要调用某个属性的时候，Python 会一层层向下遍历，直到找到那个属性。由于对象不需要重复存储其祖先类的属性，所以分层管理的机制可以节省存储空间。

某个属性可能在不同层被重复定义。Python 在向下遍历的过程中，会选取先遇到的那一个。这正是属性覆盖的原理所在。在上面的输出中，我们能看到，Chicken 和 Bird 都有 chirp()方法。如果从 summer 调用 chirp()方法，那么使用的将是和对象 summer 关系更近的 Chicken 的版本：

```
summer.chirp()    # 打印: 'ji'
```

子类的属性比父类的同名属性有优先权，这正是属性覆盖的关键。

值得注意的是，上面都是调用属性的操作。如果进行赋值，那么 Python 就不会分层深入查找了。下面创建一个新的 Chicken 类的对象 autumn，并通过 autumn 修改 feather 这一类属性：

```
autumn = Chicken(3)
autumn.feather = False
print(summer.feather)         # 打印 True
```

尽管 autumn 修改了 feather 属性值，但它并没有影响到 Bird 的类属性。当我们使用下面的方法查看 autumn 的对象属性时，会发现新建了一个名为 feather 的对象属性。

```
Print(autumn.__dict__)        # 结果: {"age": 3, "feather": False}
```

因此，Python 在为属性赋值时，只会搜索对象本身的__dict__。如果找不到对应属性，则将在__dict__中增加。在类定义的方法中，如果用 self 引用对象，则也会遵守相同的规则。

我们可以不依赖继承关系，直接去操作某个祖先类的属性，比如：

```
Bird.feather = 3
```

其等效于修改 Bird 的__dict__：

```
Bird.__dict__["feather"] = 3
```

2. 特性

同一个对象的不同属性之间可能存在依赖关系。当某个属性被修改时，我们希望依赖于该属性的其他属性也同时变化。这时，我们不能通过__dict__的静态词典方式来储存属性。Python 提供了多种即时生成属性的方法。其中一种称为**特性**（property）。特性是特殊的属性。比如我们为 Chicken 类增加一个表示成年与否的特性 adult。当对象的年龄（age）超过 1 时，adult 为真，否则为假：

```
class Bird(object):
    feather = True



class Chicken(Bird):
    fly = False
    def __init__(self, age):
        self.age = age

    def get_adult(self):
        if self.age > 1.0:
            return True
        else:
            return False
    adult = property(get_adult)   # property is built-in
```

```
summer = Chicken(2)
print(summer.adult)    # 返回 True

summer.age = 0.5
print(summer.adult)   # 返回 False
```

特性使用内置函数 property()来创建。property()最多可以加载四个参数。前三个参数为函数，分别用于设置获取、修改和删除特性时，Python 应该执行的操作。最后一个参数为特性的文档，可以为一个字符串，起说明作用。

下面我们用一个例子来进一步说明：

```
class num(object):
def __init__(self, value):
    self.value = value

def get_neg(self):
        return -self.value

def set_neg(self, value):
    self.value = -value

def del_neg(self):
    print("value also deleted")
    del self.value
```

```
neg = property(get_neg, set_neg, del_neg, "I'm negative")

x = num(1.1)
print(x.neg)                # 打印-1.1
x.neg = -22
print(x.value)              # 打印 22
print(num.neg.__doc__)      # 打印"I'm negative"
del x.neg                   # 打印"value also deleted"
```

上面的 num 为一个数字，而 neg 为一个特性，用来表示数字的负数。当一个数字确定的时候，它的负数总是确定的。而当我们修改一个数的负数时，它本身的值也应该变化。这两点由 get_neg()和 set_neg()来实现。而 del_neg()表示的是，如果删除特性 neg，那么应该执行的操作是删除属性 value。property()的最后一个参数（"I'm negative"）为特性 neg 的说明文档。

3. __getattr__()方法

除内置函数 property 外，我们还可以用__getattr__(self, name)来查询即时生成的属性。当我们调用对象的一个属性时，如果通过__dict__机制无法找到该属性，那么 Python 就会调用对象的__getattr__()方法，来即时生成该属性，比如：

```
class Bird(object):
feather = True
```

```
class chicken(Bird):
    fly = False

    def __init__(self, age):
        self.age = age

    def __getattr__(self, name):
        if name == "adult":
            if self.age > 1.0:
                return True
            else:
                return False
        else:
            raise AttributeError(name)


summer = Chicken(2)
print(summer.adult)      # 打印 True

summer.age = 0.5
print(summer.adult)      # 打印 False
```

```
print(summer.male)       # 抛出 AttributeError 异常
```

每个特性都需要有自己的处理函数，而__getattr__()可以将所有的即时生成属性放在同一个函数中处理。__getattr__()可以根据函数名区别处理不同的属性。比如，上面我们查询属性名 male 的时候，抛出 AttributeError 类的错误。需要注意的是，__getattr__()只能用于查询不在__dict__系统中的属性[1]。

__setattr__(self, name, value)和__delattr__(self, name)可用于修改和删除属性。它们的应用面更广，可用于任意属性。

即时生成属性是非常值得了解的概念。在 Python 开发中，你有可能使用这种方法来更合理地管理对象的属性。即时生成属性还有其他的方式，比如使用 descriptor 类。有兴趣的读者可以进一步查阅。

6.3　我是风儿，我是沙

1. 动态类型

动态类型（Dynamic Typing）是 Python 的另一个重要核心概念。前面说过，Python 的变量不需要声明。在赋值时，变量可以重新赋值为其他任意值。Python 变量这种一会儿变风一会儿变沙的能力，就是动态类型的体现。我们从最简单的赋值语句入手：

```
a = 1
```

在 Python 中，整数 1 是一个对象。对象的名字是"a"。但更精确地说，

[1] Python 中还有一个__getattribute__()特殊方法，用于查询任意属性。

对象名其实是指向对象的一个引用。对象是存储在内存中的实体。但我们并不能直接接触到该对象。对象名是指向这一对象的**引用**（reference）。借着引用操作对象，就像是用筷子夹起热锅里的牛肉。对象是牛肉，对象名就是那双好用的筷子。

通过内置函数 id()，我们能查看到引用指向的是哪个对象。这个函数能返回对象的编号：

```
a = 1
print(id(1))
print(id(a))
```

可以看到，赋值之后，对象 1 和引用 a 返回的编号相同。

在 Python 中，赋值其实就是用对象名这个筷子去夹其他的食物。每次赋值时，我们让左侧的引用指向右侧的对象。引用能随时指向一个新的对象：

```
a = 3
print(id(a))
a = "at"
print(id(a))
```

第一个语句中，3 是储存在内存中的一个整数对象。通过赋值，引用 a 指向对象 3。第二个语句中，内存中建立对象"at"，是一个字符串。引用 a 指向了"at"。通过两次的 id()返回，我们能发现，引用指向的对象发生了变化。既然变量名是个随时可以变更指向的引用，那么它的类型自然可以在程序中动态变化。因此，Python 是一门动态类型的语言。

一个类可以有多个相等的对象。比如两个长字符串可以是不同的对象，但它们的值可以相等。

除了直接打印 id 外，我们还可以用 is 运算来判断两个引用是否指向同一个对象。但对于小的整数和短字符串来说，Python 会缓存这些对象，而不是频繁地建立和销毁它们。因此，下面的两个引用指向同一个整数对象 3。

```
a = 3
b = 3

print(a is b)                # 打印 True
```

2. 可变与不可变对象

一个对象可以有多个引用，看下面一个例子：

```
a = 5
print(id(a))

b = a
print(id(a))
print(id(b))

a = a + 2
print(id(a))
print(id(7))
```

```
print(id(b))
```

通过前两个语句，我们让 a、b 指向同一个整数对象 5。其中，b = a 的含义是让引用 b 指向引用 a 所指的那一个对象。我们接下来对对象进行操作，让 a 增加 2，再赋值给 a。可以看到，a 指向了整数对象 7，而 b 依然指向对象 5。本质上，加法操作并没有改变对象 5。相反，Python 只是让 a 指向加法的结果——另一个对象 7。这就好像把老人变成少女的魔术，其实老人和少女都没有变化。只不过是让少女站在老人的舞台上。在这里，变的只是引用的指向。改变一个引用，并不会影响其他引用的指向。从效果上看，就是各个引用各自独立，互不影响。

但注意以下情况：

```
list2 = [1,2,3]


list1 = list2

list1[0] = 10

print(list2)
```

在我们改变 list1 时，list2 的内容发生了改变。引用之间似乎失去了独立性。其实这并不矛盾。因为 list1、list2 的指向没有发生变化，依然是同一个列表。但列表是一个包含了多个引用的集合。每个元素是一个引用，比如 list1[0]、list1[1]等。每个引用又指向一个对象，比如 1、2、3 。而 list1[0] = 10 这一赋值操作，并不是改变 list1 的指向，而是对 list1[0]。也就是说，列表对象的一部分，即一个元素的指向发生了变化。因此，所有指向该列表对象的引用都受到影响。

因此，在操作列表时，如果通过元素引用改变了某个元素，那么列表对象自身会发生改变（in-place change）。列表这种自身能发生改变的对象，称为**可变对象**（Mutable Object）。我们之前见过的词典也是可变数据对象。但之前的整数、浮点数和字符串，则不能改变对象本身。赋值最多只能改变引用的指向。这种对象称为**不可变对象**（Immutable Object）。元组包含多个元素，但这些元素完全不可以进行赋值，所以也是不可变数据对象。

3. 从动态类型看函数的参数传递

函数的参数传递，本质上传递的是引用，比如：

```
def f(x):
    print(id(x))
    x = 100
    print(id(x))

a = 1
print(id(a))

f(a)
print(a)    # 通过打印出的第二行，可以看到 id 发生了变化
```

参数 x 是一个新的引用。当我们调用函数 f 时，a 作为数据传递给函数，因此 x 会指向 a 所指的对象，也就是进行一次赋值操作。如果 a 是不可变对象，那么引用 a 和 x 之间相互独立，即对参数 x 的操作不会影响引用 a。

如果传递的是可变对象，那么情况就发生了变化：

```
def f(x):
```

```
    x[0] = 100
    print(x)

a = [1,2,3]
f(a)
print(a)     # 打印[100, 2, 3]
```

上面的函数中，a 指向一个可变的列表。在函数调用时，a 把指向传给了参数 x。这时，a 和 x 两个引用都指向了同一个可变的列表。根据前文介绍我们知道，通过一个引用操作可变对象，会影响到其他的引用。程序运行的结果同样说明了这一点。打印 a 时，结果变成了[100, 2, 3]。即函数内部对列表的操作，会被外部的引用 a“看到”。编程的时候要对此问题留心。

6.4 内存管理

1. 引用管理

语言的内存管理是语言设计的一个重要方面，它是决定语言性能的重要因素。无论是 C 语言的手工管理，还是 Java 的垃圾回收，都成为语言最重要的特征。这里以 Python 语言为例，来说明一门动态类型的、面向对象的语言的内存管理方式。

首先我们要明确，对象内存管理是基于对引用的管理。我们已经提到，在 Python 中，引用与对象分离。一个对象可以有多个引用，而每个对象中都存有指向该对象的引用总数，即**引用计数**（Reference Count）。我们可以使用标准库中 sys 包中的 getrefcount()，来查看某个对象的引用计数。需要注意的是，当使用某个引用作为参数，传递给 getrefcount()时，参数实际上是创建了一个临时的引用。因此，getrefcount()所得到的结果，会比期望的多 1：

```
from sys import getrefcount



a = [1, 2, 3]

print(getrefcount(a))


b = a

print(getrefcount(b))
```

由于上述原因，两个 getrefcount()将返回 2 和 3，而不是期望的 1 和 2。

2. 对象引用对象

我们之前提到了一些可变对象，如列表和词典。它们都是数据容器对象，可以包含多个对象。实际上，容器对象中包含的并不是元素对象本身，而是指向各个元素对象的引用。我们也可以自定义一个对象，并引用其他对象：

```
class from_obj(object):

    def __init__(self, to_obj):

        self.to_obj = to_obj



b = [1,2,3]

a = from_obj(b)

print(id(a.to_obj))
```

```
print(id(b))
```

可以看到，a 引用了对象 b。对象引用对象，在 Python 中十分常见。比如在主程序使用 a = 1，会把引用关系存入到一个词典中。该词典对象用于记录所有的全局引用。赋值 a=1，实际上是让词典中一个键值为"a"的元素引用整数对象 1。我们可以通过内置函数 globals()来查看该词典。

当一个对象 a 被另一个对象 b 引用时，a 的引用计数将增加 1：

```
from sys import getrefcount



a = [1, 2, 3]
print(getrefcount(a))

b = [a, a]
print(getrefcount(a))
```

由于对象 b 引用了两次 a，因此 a 的引用计数增加了 2。

容器对象的引用可能会构成很复杂的拓扑结构，如图 6-1 所示。我们可以用 objgraph 包[1]来绘制其引用关系，比如：

```
x = [1, 2, 3]
y = [x, dict(key1=x)]
z = [y, (x, y)]

import objgraph
```

[1] objgraph 是 Python 的一个第三方包，可以使用 pip 安装。

```
objgraph.show_refs([z], filename="ref_topo.png") # 第二个参数说明了绘图文件的文件名
```

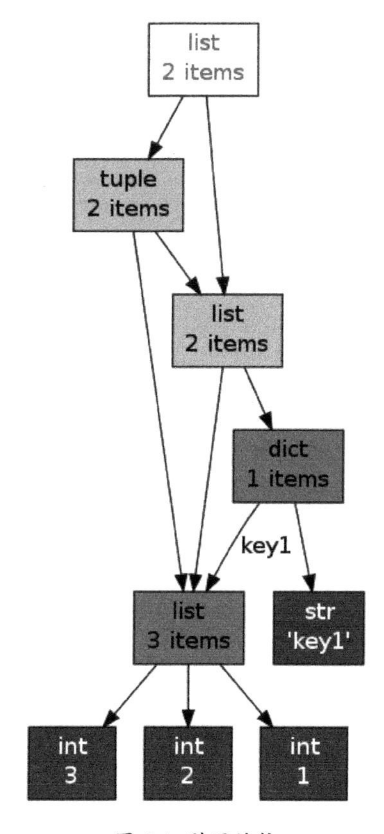

图 6-1 引用结构

两个对象可能相互引用，从而构成所谓的**引用环**（Reference Cycle）。

```
a = []

b = [a]

a.append(b)
```

即便是单个对象，只需自己引用自己，也能构成引用环。

```
a = []
a.append(a)
print(getrefcount(a))
```

引用环会给垃圾回收机制带来很大的麻烦，我们将在后面详细叙述这一点。

某个对象的引用计数可能减少。比如，可以使用 del 关键字删除某个引用：

```
from sys import getrefcount



a = [1, 2, 3]
b = a
print(getrefcount(b))
del a
print(getrefcount(b))
```

我们前面提到过，del 也可以用于删除容器中的元素，比如：

```
a = [1,2,3]
del a[0]
print(a)
```

如果某个引用指向对象 a，那么当这个引用被重新定向到某个其他对象 b 时，对象 a 的引用计数将减少：

```
from sys import getrefcount

a = [1, 2, 3]
b = a
print(getrefcount(b))
a = 1
print(getrefcount(b))
```

3. 垃圾回收

吃太多，总会变胖，Python 也是如此。当 Python 中的对象越来越多时，它们将占据越来越大的内存。不过你不用太担心 Python 的体形，它会乖巧的在适当的时候“减肥”，启动**垃圾回收**（Garbage Collection），将没用的对象清除。许多语言中都有垃圾回收机制，比如 Java 和 Ruby。尽管最终目的都是塑造苗条的体形，但不同语言的减肥方案有很大的差异。

原理上，当 Python 的某个对象的引用计数降为 0，即没有任何引用指向该对象时，该对象就成为要被回收的垃圾了。比如某个新建对象，它被分配给某个引用，对象的引用计数变为 1。如果引用被删除，对象的引用计数为 0，那么该对象就可以被垃圾回收。比如下面的表：

```
a = [1, 2, 3]
del a
```

del a 后，已经没有任何引用指向之前建立的[1, 2, 3]这个表了，即用户不可能通过任何方式接触或者动用这个对象。这个对象如果继续待在内存里，就成为不健康的脂肪。当垃圾回收启动时，Python 扫描到这个引用计数为 0 的对象，就会将它所占据的内存清空。

然而，减肥是个昂贵而费力的事情。垃圾回收时，Python 不能进行其他的任务。频繁的垃圾回收将大大降低 Python 的工作效率。如果内存中的对象不多，就没有必要频繁启动垃圾回收。所以，Python 只会在特定条件下，自动启动垃圾回收。当 Python 运行时，会记录其中分配对象（Object Allocation）和取消分配对象（Object Deallocation）的次数。当两者的差值高于某个阈值时，垃圾回收才会启动。

我们可以通过 gc 模块的 get_threshold()方法，查看该阈值:

```
import gc
print(gc.get_threshold())
```

返回（700, 10, 10），后面的两个 10 是与分代回收相关的阈值，后文中会详细说明。700 即垃圾回收启动的阈值。可以通过 gc 中的 set_threshold()方法重新设置。当然，我们也可以手动启动垃圾回收，即使用 gc.collect()。

除了上面的基础回收方式外，Python 同时还采用了分代（Generation）回收的策略。这一策略的基本假设是，存活时间越久的对象，越不可能在后面的程序中变成垃圾。我们的程序往往会产生大量的对象，许多对象很快产生和消失，但也有一些对象长期被使用。出于信任和效率，对于这样一些“长寿”对象，我们相信它们还有用处，所以减少在垃圾回收中扫描它们的频率。

Python 将所有的对象分为 0、1、2 三代。所有的新建对象都是 0 代对象。当某一代对象经历过垃圾回收，依然存活，那么它就被归入下一代对象。垃圾回收启动时，一定会扫描所有的 0 代对象。如果 0 代经过一定次数垃圾回收，那么就启动对 0 代和 1 代的扫描清理。当 1 代也经历了一定次数的垃圾回收后，就会启动对 0、1、2 代的扫描，即对所有对象进行扫描。

这两个次数即上面 get_threshold()返回的（700, 10, 10）返回的两个 10。也就是说，每 10 次 0 代垃圾回收，会配合 1 次 1 代的垃圾回收；而每 10 次 1 代的垃圾回收，才会有 1 次 2 代的垃圾回收。

同样可以用 set_threshold()来调整次数，比如对 2 代对象进行更频繁的扫描。

```
import gc

gc.set_threshold(700, 10, 5)
```

4. 孤立的引用环

引用环的存在会给上面的垃圾回收机制带来很大的困难。这些引用环可能构成无法使用，但引用计数不为 0 的一些对象：

```
a = []

b = [a]

a.append(b)

del a

del b
```

上面我们先创建了两个表对象，并引用对方，构成一个引用环。删除了 a、b 引用之后，这两个对象不可能再从程序中调用，因而就没有什么用处了。但是由于引用环的存在，这两个对象的引用计数都没有降到 0，所以不会被垃圾回收，如图 6-2 所示。

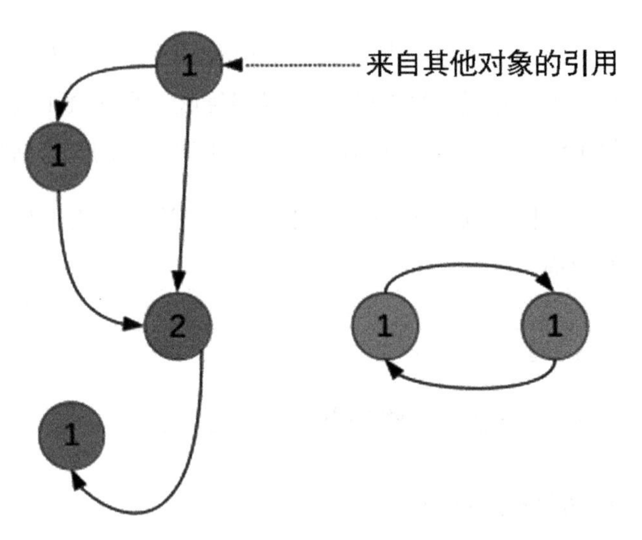

图 6-2 孤立的引用环

为了回收这样的引用环，Python 会复制每个对象的引用计数，可以记为 gc_ref。假设，每个对象 i，该计数为 gc_ref_i。Python 会遍历所有的对象 i。对于每个对象 i 所引用的对象 j，将相应的 gc_ref_j 减 1，遍历后的结果如图 6-3 所示。

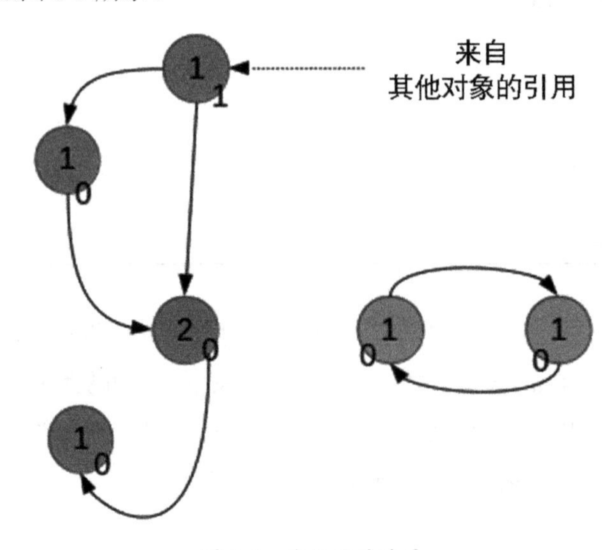

图 6-3 遍历后的结果

在结束遍历后，gc_ref 不为 0 的对象，和这些对象引用的对象，以及继续更下游引用的对象，需要被保留，而其他对象则被垃圾回收。

Python 作为一种动态类型的语言，其对象和引用分离。这与曾经的面向过程语言有很大的区别。为了有效地释放内存，Python 内置了对垃圾回收的支持。Python 采取了一种相对简单的垃圾回收机制，即引用计数，并因此需要解决孤立引用环的问题。Python 与其他语言既有共通性，又有特别的地方。对内存管理机制的理解，是提高 Python 性能的重要一步。

第 7 章

函数式编程

本章我们将介绍一种新的编程范式：**函数式编程**（Functional Programming）。函数式编程历史悠久，但其使用一直限于学术圈。随着近年来并行运算的发展，人们发现古老的函数式编程天生地适用于并行运算。函数式编程变得越来越受欢迎。Python 虽然不是纯粹的函数式编程，但包含了不少函数式编程的语法。了解函数式编程的概念，有助于写出更加优秀的代码。

7.1　又见函数

1. Python 中的函数式

在前面，我们已经见到了面向过程和面向对象两种编程范式。面向过程编程利用选择和循环结构，以及函数、模块等，对指令进行封装。面向对象实现了另一种形式的封装。包含有数据的对象的一系列方法。这些方法能造成对象的状态改变。作为第三种编程范式，函数式编程的本质也在于封装。

正如其名字，函数式编程以函数为中心进行代码封装。在面向过程的编程中，我们已经见识过函数。它有参数和返回值，分别起到输入和输出数据的功能。更进一步，我们也已经知道 Python 中的函数实际上是一些特殊的对象。这一条已经符合了函数式编程的一个重要方面：函数是第一级对象，能像普通对象一样使用。我将在后面章节中探索它的重要意义。

函数式编程强调了函数的**纯粹性**（purity）。一个纯函数是没有副作用的（Side Effect），即这个函数的运行不会影响其他函数。纯函数像一个沙盒，把函数带来的效果控制在内部，从而不影响程序的其他部分。我们曾在函数内部改变外部列表的元素，其他调用该列表的函数也会看到该函数的作用效果。这样就造成了副作用。我们知道，造成这样效果的原因是我们使用了可变更的对象，如列表和词典。因此，为了达到纯函数的标准，函数式编程要求其变量都是不可变更的。

Python 并非完全的函数式编程语言。在 Python 中，存在着可变更的对象，也能写出非纯函数。但如果我们借鉴函数式编程，尽量在编程中避免副作用，就会有许多好处。由于纯函数相互独立，我们不用担心函数调用对其他函数的影响，所以使用起来更加简单。另外一点，纯函数也方便进行并行化运算。在并行化编程时，我们经常要担心不同进程之间相互干扰的问题。当多个进程同时修改一个变量时，进程的先后顺序会影响最终结果。比如下面两个函数：

```
from threading import Thread

x = 5

def double():
    global x
    x = x * 2


def plus_ten():
    global x
    x = x + 10


thread1 = Thread(target=double)
thread2 = Thread(target=plus_ten)
thread1.start()
thread2.start()
```

```
thread1.join()
thread2.join()

print(x)
```

上面的两个函数中使用了关键字 global。global 说明了 x 是一个全局变量。函数对全局变量的修改能被其他函数看到，因此有副作用。如果两个进程并行地执行两个函数，函数的执行顺序不确定，则结果可能是 double()中的 $x = x*2$ 先执行，最终结果为 20；也有可能是 plus_ten()中的 $x = x + 10$ 先执行，最终结果为 30。这被称为**竞跑条件**（Race Condition），是并行编程中需要极力避免的。

函数式编程消灭了副作用，即无形中消除了竞跑条件的可能。因此，函数式编程天生地适用于并行化运算。其实函数式编程诞生得很早，早在 20 世纪 50 年代，Lisp 语言就已经诞生。但函数式编程的使用范围局限于学术领域。近年来，电子元件的尺寸已经趋于物理极限。CPU 频率的增长逐渐放缓。为了满足运算的需要，人们想到了把多个电脑连接起来，用并行化的方式来提高运算能力。但并行程序与之前的单线程程序有很大区别，程序员要处理竞跑条件等复杂问题。饱受折磨的程序员想起了古董级的函数式编程语言，意外地发现它十分适合于编写并行程序。于是，函数式编程重拾热度，渐渐成为程序员的必修内容。

Python 并非一门函数式编程语言。在早期的 Python 版本中，并没有函数式编程的相关语法。后来 Python 中加入了 lambda 函数，以及 map、filter、reduce 等高阶函数，从而加入了函数式编程的特征。但 Python 并没有严格地执行语法规范，并且缺乏相关的优化，因此离完整的函数式编程尚有一段距离。Python 的作者罗苏姆本人也从不认为 Python 是一门函数式语言。作为一名渐进式的开发者，罗苏姆非常看重程序的可读性。因此，他只保留了函数式编程中那些让 Python 更加简洁的语法糖。所以，

Python 中函数式语法特征可以作为体验的起点。但这还远远不够，你至少应该去深入了解函数式编程的思想。更好的情况是，你能学习一门更加纯粹的函数式语言，与 Python 中的所学互为对照。

在我的体会中，学习函数式编程能深刻地影响编程的思维方式。程序员编程时，很多时候是自下而上的：创建一个变量，给变量赋值，进行运算，得到结果……这是一种很自然的想法。程序员毕竟是在摆弄机器，因此第一步总会像第一次玩收音机一样，转转按钮、动动天线，看一下机器是什么反应。与之相对，函数式编程的思路是自上而下的。它先提出一个大问题，在最高层用一个函数来解决这个大问题。在这个函数内部，再用其他函数来解决小问题。在这样递归式的分解下，直到问题得到解决。这就好像“把大象放入冰箱”这个函数，在内部调用“打开门”、“把大象放进去”、“关上门”这三个函数。在这三个内部函数中，可以继续通过函数调用，向细节深入。这两种思维方式各有利弊，但让它们相互对比、相互碰撞，是学习编程的一大乐趣。

2. 并行运算

在上一节中，我们已经涉及到并行运算。所谓的并行运算，是指多条指令同时执行。一般来说，一台单处理器的计算机同一时间内只能执行一条指令。这种每次执行一条指令的工作方式称为串行运算。

图 7-1　串行运算：必须一个一个来

大规模并行运算通常是在有多个主机组成的**集群**（Cluster）上进行的。主机之间可以借助高速的网络设备通信。一个集群的造价不菲。然而，我们可以在单机上通过多进程或多线程的方式，模拟多主机的并行处理。即使一台单机中，也往往存在着多个运行着的程序，即所谓的进程。例如，我们在打开浏览器上网的同时，还可以流畅的听音乐。这给我们一个感觉，计算机在并行的进行上网和放音乐两个任务。事实上，单机的处理器按照“分时复用”的方式，把运算能力分配给多个进程。处理器在进程间频繁切换。因此，即使处理器同一时间只能处理一个指令，但通过在进程间的切换，也能造成多个进程齐头并进的效果。

图 7-2　并行运算：可以齐头并进

从这个角度来说，集群和单机都实现了多个进程的并行运算。只不过，集群上的多进程分布在不同的主机，而单机的多进程存在于同一主机，并借着“分时复用”来实现并行。

下面是多进程编程的一个例子：

```
import multiprocessing


def proc1():

    return 999999**9999



def proc2():

    return 888888**8888



p1   = multiprocessing.Process(target=proc1)

p2   = multiprocessing.Process(target=proc2)


p1.start()

p2.start()


p1.join()

p2.join()
```

上面程序用了两个进程。进程的工作包含在函数中，分别是函数 proc1()和函数 proc2()。方法 start()用于启动进程，而 join()方法用于在主程序中等待相应进程完成。

最后，我们要区分一下多进程和多线程。一个程序运行后，就成为一个进程。进程有自己的内存空间，用来存储自身的运行状态、数据和相关代码。一个进程一般不会直接读取其他进程的内存空间。进程运行过程中，可以完成程序描述的工作。但在一个进程内部，又可以有多个称为“线程”的任务，处理器可以在多个线程之间切换，从而形成并行的多线程处理。线程看起来和进程类似，但线程之间可以共享同一个进程的内存空间。

7.2 被解放的函数

1. 函数作为参数和返回值

在函数式编程中，函数是第一级对象。所谓“第一级对象”，即函数能像普通对象一样使用。因此，函数的使用变得更加自由。对于“一切皆对象”的 Python 来说，这是自然而然的结果。既然如此，那么函数可以像一个普通对象一样，成为其他函数的参数。比如下面的程序，函数就充当了参数：

```
def square_sum(a, b):
    return a**2 + b**2


def cubic_sum(a, b):
    return a**3 + b**3


def argument_demo(f, a, b):
    return f(a, b)


print(argument_demo(square_sum, 3, 5))       # 打印 34
print(argument_demo(cubic_sum, 3, 5))        # 打印 152
```

函数 argument_demo()的第一个参数 f 就是一个函数对象。按照位置传参，square_sum()传递给函数 argument_demo()，对应参数列表中的 f。f 会在 argument_demo()中被调用。我们可以把其他函数，如 cubic_sum() 作为参数传递给 argument_demo()。

很多语言都能把函数作为参数使用，例如 C 语言。在图形化界面编程时，这样一个作为参数的函数经常起到回调（Callback）的作用。当某个事件发生时，比如界面上的一个按钮被按下，回调函数就会被调用。下面是一个 GUI 回调的例子：

```
import tkinter as tk


def callback():
    """
    callback function for button click
    """
    listbox.insert(tk.END, "Hello World!")



if __name__ == "__main__":
    master = tk.Tk()

    button = tk.Button(master, text="OK", command=callback)
    button.pack()

    listbox = tk.Listbox(master)
    listbox.pack()
```

```
tk.mainloop()
```

Python 中内置了 tkinter 的图形化功能。在上面的程序中，回调函数将在列表栏中插入"Hello World!"。回调函数作为参数传给按钮的构造器。每当按钮被点击时，回调函数就会被调用，如图 7-3 所示。

图 7-3　回调函数运行结果

2. 函数作为返回值

既然函数是一个对象，那么它就可以成为另一个函数的返回结果。

```
def line_conf():
    def line(x):
        return 2*x+1
    return line       # return a function object

my_line = line_conf()
print(my_line(5))              # 打印 11
```

上面的代码可以成功运行。line_conf()的返回结果被赋给 line 对象。上面的代码将打印 11。

在上面的例子中，我们看到了在一个函数内部定义的函数。和函数内部的对象一样，函数对象也有存活范围，也就是函数对象的作用域。Python 的缩进形式很容易让我们看到函数对象的作用域。函数对象的作用域与它的 def 的缩进层级相同。比如下面的代码，我们在 line_conf()函数的隶属范围内定义的函数 line()，就只能在 line_conf()的隶属范围内调用。

```
def line_conf():
    def line(x):
        return 2*x + 1
    print(line(5))       # 作用域内

if __name__=="__main__":
    line_conf()
    print(line(5))       # 作用域外，报错
```

函数 line()定义了一条直线(y = 2x + 1)。可以看到，在 line_conf()中可以调用 line()函数，而在作用域之外调用 line()函数将会有下面的错误：

```
NameError: name 'line' is not defined
```

说明这已经超出了函数 line()的作用域。Python 对该函数的调用失败。

3. 闭包

上面函数中，line()定义嵌套在另一个函数内部。如果函数的定义中

引用了外部变量，会发生什么呢？

```
def line_conf():
    b = 15
    def line(x):
        return 2*x + b
    b = 5
    return line                    # 返回函数对象


if __name__ == "__main__":
    my_line = line_conf()
    print(my_line(5))              # 打印 15
```

可以看到，line()定义的隶属程序块中引用了高层级的变量 b。b 的定义并不在 line()的内部，而是一个外部对象。我们称 b 为 line()的环境变量。尽管 b 位于 line()定义的外部，但当 line 被函数 line_conf()返回时，还是会带有 b 的信息。

一个函数和它的环境变量合在一起，就构成了一个**闭包**（Closure）。上面程序中，b 分别在 line()定义的前后有两次不同的赋值。上面的代码将打印 15，也就是说，line()参照的是值为 5 的 b 值。因此，闭包中包含的是内部函数返回时的外部对象的值。

在 Python 中，所谓的闭包是一个包含有环境变量取值的函数对象。环境变量取值被复制到函数对象的__closure__属性中。比如下面的代码：

```
def line_conf():
```

```
    b = 15

    def line(x):
        return 2*x + b
    b = 5
    return line      # 返回函数对象

if __name__ == "__main__":
    my_line = line_conf()
    print(my_line.__closure__)
    print(my_line.__closure__[0].cell_contents)
```

可以看到，my_line()的__closure__属性中包含了一个元组。这个元组中的每个元素都是 cell 类型的对象。第一个 cell 包含的就是整数 5，也就是我们返回闭包时的环境变量 b 的取值。

闭包可以提高代码的可复用性。我们看下面三个函数：

```
def line1(x):
    return x + 1


def line2(x):
    return 4*x + 1


def line3(x):
```

```
    return 5*x + 10


def line4(x):
    return -2*x - 6
```

如果把上面的程序改为闭包，那么代码就会简单很多：

```
def line_conf(a, b):
    def line(x):
        return a*x + b
    return line


line1 = line_conf(1, 1)
line2 = line_conf(4, 5)
line3 = line_conf(5, 10)
line4 = line_conf(-2, -6)
```

这个例子中，函数 line()与环境变量 *a*、*b* 构成闭包。在创建闭包的时候，我们通过 line_conf()的参数 a、b 说明直线的参量。这样，我们就能复用同一个闭包，通过代入不同的数据来获得不同的直线函数，如 $y = x + 1$ 和 $y = 4x + 5$。闭包实际上创建了一群形式相似的函数。

除了复用代码，闭包还能起到减少函数参数的作用：

```
def curve_closure(a, b, c):
    def curve(x):
```

```
        return a*x**2 + b*x + c
    return curve


curve1 = curve_closure(1, 2, 1)
```

函数 curve()是一个二次函数。它除了自变量 *x* 外，还有 a、b、c 三个参数。通过 curve_closure()这个闭包，我们可以预设 a、b、c 三个参数的值。从而起到减参的效果。

闭包的减参作用对于并行运算来说很有意义。在并行运算的环境下，我们可以让每台电脑负责一个函数，把上一台电脑的输出和下一台电脑的输入串联起来。最终，我们像流水线一样工作，从串联的电脑集群一端输入数据，从另一端输出数据。由于每台电脑只能接收一个输入，所以在串联之前，必须用闭包之类的办法把参数的个数降为 1。

7.3 小女子的梳妆匣

1. 装饰器

装饰器（decorator）是一种高级 Python 语法。装饰器可以对一个函数、方法或者类进行加工。在 Python 中，我们有多种方法对函数和类进行加工。装饰器从操作上入手，为函数增加额外的指令。因此，装饰器看起来就像是女孩子的梳妆匣，一番打扮之后让函数大变样。Python 最初没有装饰器这一语法。装饰器在 Python 2.5 中才出现，最初只用于函数。在 Python 2.6 以及之后的 Python 版本中，装饰器被进一步用于类。

我们先定义两个简单的数学函数，一个用来计算平方和，一个用来计算平方差：

```
# 获得平方和
def square_sum(a, b):
    return a**2 + b**2  # get square diff


# 获得平方差
def square_diff(a, b):
    return a**2 - b**2


if __name__ == "__main__":
    print(square_sum(3, 4))              # 打印 25
    print(square_diff(3, 4))             # 打印-7
```

在拥有了基本的数学功能之后，我们可能想为函数增加其他的功能，比如打印输入。我们可以改写函数来实现这一点：

```
# 装饰：打印输入

def square_sum(a, b):
    print("intput:", a, b)
    return a**2 + b**2


def square_diff(a, b):
    print("input", a, b)
    return a**2 - b**2
```

```
if __name__ == "__main__":
    print(square_sum(3, 4))
    print(square_diff(3, 4))
```

我们修改了函数的定义，为函数增加了功能。从代码中可以看到，这两个函数在功能上的拓展有很高的相似性，都是增加了 print("input", a, b)这一打印功能。我们可以改用装饰器，定义功能拓展本身，再把装饰器用于两个函数：

```
def decorator_demo(old_function):
    def new_function(a, b):
        print("input", a, b)        # 额外的打印操作
        return old_function(a, b)
    return new_function


@decorator_demo
def square_sum(a, b):
    return a**2 + b**2


@decorator_demo
def square_diff(a, b):
    return a**2 - b**2
```

```
if __name__ == "__main__":
    print(square_sum(3, 4))
    print(square_diff(3, 4))
```

装饰器可以用 def 的形式定义，如上面代码中的 decorator_demo()。装饰器接收一个可调用对象作为输入参数，并返回一个新的可调用对象。装饰器新建了一个函数对象，也就是上面的 new_function()。在 new_function()中，我们增加了打印的功能，并通过调用 old_function(a, b)来保留原有函数的功能。

定义好装饰器后，我们就可以通过@语法使用了。在函数 square_sum()和 square_diff()定义之前调用@decorator_demo，实际上是将 square_sum()或 square_diff()传递给了 decorator_demo()，并将 decorator_demo()返回的新的函数对象赋给原来的函数名 square_sum()和 square_diff()。所以，当我们调用 square_sum(3, 4)的时候，实际上发生的是：

```
square_sum = decorator_demo(square_sum)
square_sum(3, 4)
```

我们知道，Python 中的变量名和对象是分离的。变量名其实是指向一个对象的引用。从本质上，装饰器起到的作用就是**名称绑定**（name binding），让同一个变量名指向一个新返回的函数对象，从而达到修改函数对象的目的。只不过，我们很少彻底地更改函数对象。在使用装饰器时，我们往往会在新函数内部调用旧的函数，以便保留旧函数的功能。这也是“装饰”名称的由来。

下面看一个更有实用功能的装饰器。我们可以利用 time 包来测量程序运行的时间。把测量程序运行时间的功能做成一个装饰器，将这个装饰器运用于其他函数，将显示函数的实际运行时间：

```
import time



def decorator_timer(old_function):
    def new_function(*arg, **dict_arg):
        t1 = time.time()
        result = old_function(*arg, **dict_arg)
        t2 = time.time()
        print("time: ", t2 - t1)
        return result
    return new_function
```

在 new_function()中，除调用旧函数外，还前后额外调用了一次 time.time()。由于 time.time()返回挂钟时间，它们的差值反映了旧函数的运行时间。此外，我们通过打包参数的办法，可以在新函数和旧函数之间传递所有的参数。

装饰器可以实现代码的可复用性。我们可以用同一个装饰器修饰多个函数，以便实现相同的附加功能。比如说，在建设网站服务器时，我们能用不同函数表示对不同 HTTP 请求的处理。当我们在每次处理 HTTP 请求前，都想附加一个客户验证功能时，那么就可以定义一个统一的装饰器，作用于每一个处理函数。这样，程序能重复利用，可读性也大为提高。

2. 带参装饰器

在上面的装饰器调用中，比如@decorator_demo，该装饰器默认它后面的函数是唯一的参数。装饰器的语法允许我们调用 decorator 时，提供其他参数，比如@decorator(a)。这样，就为装饰器的编写和使用提供了更大的灵活性。

```
# 带参装饰器
def pre_str(pre=""):
    def decorator(old_function):
        def new_function(a, b):
            print(pre + "input", a, b)
            return old_function(a, b)
        return new_function
    return decorator


# 装饰 square_sum()
@pre_str("^_^")
def square_sum(a, b):
    return a**2 + b**2  # get square diff


# 装饰 square_diff()
@pre_str("T_T")
def square_diff(a, b):
    return a**2 - b**2
```

```
if __name__ == "__main__":
    print(square_sum(3, 4))
    print(square_diff(3, 4))
```

上面的 pre_str 是一个带参装饰器。它实际上是对原有装饰器的一个函数封装，并返回一个装饰器。我们可以将它理解为一个含有环境参量的闭包。当我们使用@pre_str("^_^")调用的时候，Python 能够发现这一层的封装，并把参数传递到装饰器的环境中。该调用相当于：

```
square_sum = pre_str("^_^") (square_sum)
```

根据参数不同，带参装饰器会对函数进行不同的加工，进一步提高了装饰器的适用范围。还是以网站的用户验证为例子。装饰器负责验证的功能，装饰了处理 HTTP 请求的函数。可能有的关键 HTTP 请求需要管理员权限，有的只需要普通用户权限。因此，我们可以把“管理员”和“用户”作为参数，传递给验证装饰器。对于那些负责关键 HTTP 请求的函数，我们可以把“管理员”参数传给装饰器。对于负责普通 HTTP 请求的函数，我们可以把“用户”参数传给它们的装饰器。这样，同一个装饰器就可以满足不同的需求了。

3. 装饰类

在上面的例子中，装饰器接收一个函数，并返回一个函数，从而起到加工函数的效果。装饰器还拓展到了类。一个装饰器可以接收一个类，并返回一个类，从而起到加工类的效果。

```
def decorator_class(SomeClass):
    class NewClass(object):
        def __init__(self, age):
```

```
            self.total_display  = 0
            self.wrapped        = SomeClass(age)
        def display(self):
            self.total_display += 1
            print("total display", self.total_display)
            self.wrapped.display()
    return NewClass


@decorator_class
class Bird:
    def __init__(self, age):
        self.age = age
    def display(self):
        print("My age is",self.age)


if __name__ == "__main__":
    eagle_lord = Bird(5)
    for i in range(3):
        eagle_lord.display()
```

在装饰器 decorator_class 中，我们返回了一个新类 NewClass。在新类的构造器中，我们用一个属性 self.wrapped 记录了原来类生成的对象，并附加了新的属性 total_display，用于记录调用 display()的次数。我们也同时更改了 display 方法。通过装饰，我们的 Bird 类可以显示调用 display()的次数。

无论是装饰函数，还是装饰类，装饰器的核心作用都是名称绑定。虽然装饰器出现较晚，但在各个 Python 项目中的使用却很广泛。即便不需要自定义装饰器，你也很有可能会在自己的项目中调用其他库中的装饰器。因此，Python 程序员需要掌握这一语法。

7.4 高阶函数

1. lambda 与 map

上面的讲解都围绕着一个中心，函数能像一个普通对象一样应用，从而成为其他函数的参数和返回值。能接收其他函数作为参数的函数，被称为**高阶函数**（high-order function）。7.3 节中介绍的装饰器，本质上就是高阶函数。高阶函数是函数式编程的一个重要组成部分。本节我们讲介绍最具有代表性的高阶函数：map()、filter()和 reduce()。

在开始之前，首先引入一种新的定义函数的方式。我们已经见过很多用 def 来定义函数的例子。除了 def，还可以用 lambda 语法来定义匿名函数，例如：

```
lambda_sum = lambda x,y: x + y

print(lambda_sum(3,4))
```

通过 lambda，我们创建了一个匿名的函数对象。借着赋值语句，这个匿名函数赋予给函数名 lambda_sum。函数的参数为 x、y，返回值为 x 与 y 的和。函数 lambda_sum()的调用与正常函数一样。这种用 lambda 来产生匿名函数的方式适用于简短函数的定义。

现在我们来看高阶函数。所谓高阶函数，就是能处理函数的函数。在第 1 章中，我们就已经见过了函数对象参数。那个接收函数对象为参数的函数，就是高阶函数。Python 中提供了很多有用的高阶函数。我们从 map()开始介绍。函数 map()是 Python 的内置函数。它的第一个参数就是一个函数对象。函数 map()把这一个函数对象作用于多个元素：

```
data_list = [1,3,5,6]
result   = map(lambda x: x+3, data_list)
```

函数 map()的第二个参数是一个可循环对象。对于 data_list 的每个元素， lambda 函数都会调用一次。那个元素会成为 lambda 函数的参数。换个角度说，map()把接收到的函数对象依次作用于每一个元素。最终，map()会返回一个迭代器[1]。迭代器中的元素，就是多次调用 lambda 函数的结果。因此，上面的代码相当于：

```
def equivalent_generator(func, iter):
    for item in iter:
        yield func(item)


data_list = [1,3,5,6]
result   = map(lambda x: x+3, data_list)
```

上面的 lambda 函数只有一个参数。这个函数也可以是一个多参数的

[1] 在 Python 2.7 中，map()返回的是一个列表

函数。这个时候，map()的参数列表中就需要提供相应数目的可循环对象。

```
def square_sum(x, y):
    return x**2 + y**2


data_list1 = [1,3,5,7]
data_list2 = [2,4,6,8]
result   = map(square_sum, data_list1, data_list2)
```

这里，map()接收了 square_sum()作为第一个参数。数 square_sum()要求有两个参数。因此，map()调用时需要两个可循环对象。第一个循环对象提供了 square_sum()中对应于 x 的参数，第二个循环对象提供了对应于 y 的参数。它们的关系如图 7-3 所示。

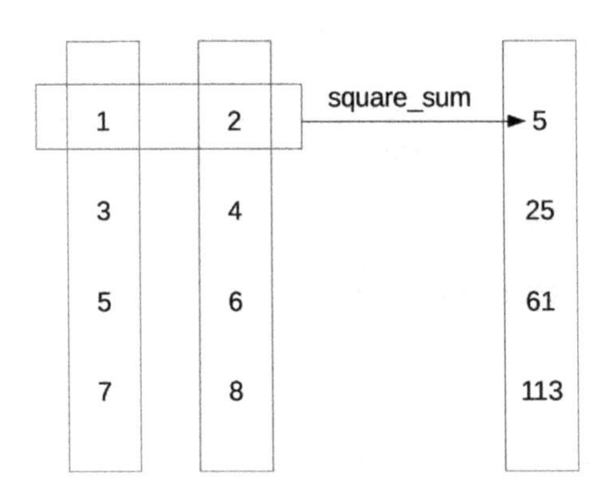

图 7-3　两个循环对象之间的关系

一定程度上，map()函数能替代循环的功能。用 map()函数写出的程序，看起来也相当简洁。从另一个角度来说，map()看起来像是对多个目标“各个击破”。在并行运算中，Map 是一个很重要的过程。通过 Map 这一步，一个大问题可以分拆成很多小问题，从而能交给不同的主机处理。例如在图像处理中，就可以把一张大图分拆成许多张小图。每张小图分配给一台主机处理。

2. filter 函数

和 map()函数一样，内置函数 filter()的第一个参数也是一个函数对象。它也将这个函数对象作用于可循环对象的多个元素。如果函数对象返回的是 True，则该次的元素被放到返回的迭代器中。也就是说，filter()通过调用函数来筛选数据。

下面是使用 filter()函数的一个例子。作为参数的 larger100()函数用于判断元素是否比 100 大：

```
def larger100(a):
    if a > 100:
        return True
    else:
        return False


for item in filter(larger100,[10,56,101,500]):
    print(item)
```

类似的，filter()用于多参数的函数时，也可以在参数中增加更多的可循环对象。总的来说，map()函数和 filter()函数的功能有相似的地方，都是把同一个函数应用于多个数据。

3. reduce 函数

函数 reduce()也是一个常见的高阶函数。函数 reduce()在标准库的

functools 包中[1]，使用之前需要引入。和 map()、reduce()一样，reduce()函数的第一个参数是函数，但 reduce()对作为参数的函数对象有一个特殊要求，就是这个作为参数的函数必须能接收两个参数。Reduce()可以把函数对象累进的作用于各个参数。这个功能可以用一个简单的例子来说明：

```
from functools import reduce


data_list = [1,2,5,7,9]

result = reduce(lambda x, y: x + y, data_list)

print(result)             # 打印 24
```

函数 reduce()的第一个参数是求和的 sum()函数，它接收两个参数 x 和 y。在功能上，reduce()累进的运用传给它的二参函数。上一次运算的结果将作为下一次调用的第一个参数。首先，reduce()将用表中的前两个元素 1 和 2 做 sum()函数的参数，得到 3。该返回值 3 将作为 sum()函数的第一个参数，而将表中的下一个元素 5 作为 sum()函数的第二个参数，进行下一次求和得到 8。8 会成为新的参数，与下一个元素 7 求和。上面过程不断重复，直到列表中元素耗尽。函数 reduce()将返回累进的运算结果，这里是一个单一的整数。上面的例子相当于(((1 + 2) + 5) + 7) + 9，结果为 24。也就是如图 7-4 所示过程。

[1] Python 2.7 中，reduce()是内置函数，不需要引入。

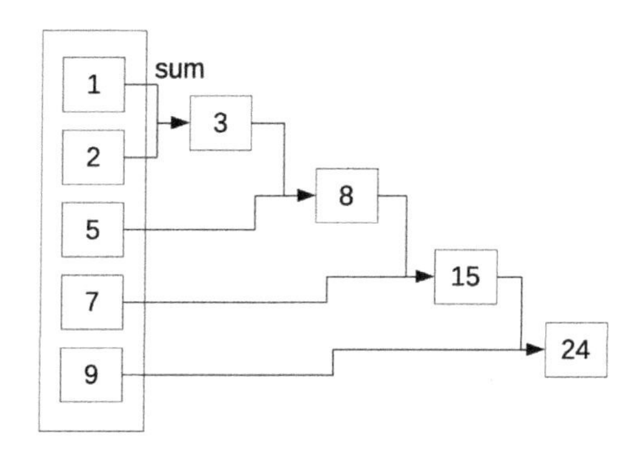

图 7-4　累进运算过程

函数 reduce()通过某种形式的二元运算，把多个元素收集起来，形成一个单一的结果。上面的 map()、reduce()函数都是单线程的，所以运行效果和循环差不多。但 map()、reduce()可以方便地移植到并行化的运行环境下。在并行运算中，Reduce 运算紧接着 Map 运算。Map 运算的结果分布在多个主机上，Reduce 运算把结果收集起来。因此，谷歌用于并行运算的软件架构，就称为 MapReduce[1]。

4. 并行处理

下面的程序就是在多进程条件下使用了多线程的 map()方法。这段程序多线程地下载同一个 URL 下的资源。程序用了第三方包 requests 来进行 HTTP 下载：

```
import time
from multiprocessing import Pool

import requests
```

[1] 参看 http://research.google.com/archive/mapreduce.html

```
def decorator_timer(old_function):

    def new_function(*arg, **dict_arg):

        t1 = time.time()

        result = old_function(*arg, **dict_arg)

        t2 = time.time()

        print("time: ", t2 - t1)

        return result

    return new_function



def visit_once(i, address="http://www.cnblogs.com"):

    r = requests.get(address)

    return r.status_code



@decorator_timer

def single_thread(f, counts):

    result = map(f, range(counts))

    return list(result)



@decorator_timer

def multiple_thread(f, counts, process_number=10):

    p      = Pool(process_number)

    return p.map(f, range(counts))
```

```
if __name__ == "__main__":
    TOTAL = 100
    print(single_thread(visit_once, TOTAL))
    print(multiple_thread(visit_once, TOTAL))
```

在上面的程序中，我们启动了 10 个进程，并行地处理 100 个下载需求。这里把单个下载过程描述为一个函数，即 visit_once()，然后用多线程的 map()方法，把任务分配给雇佣来的 10 个工人，也就是 10 个进程。从结果可以看到，运行时间能大为缩短。

7.5 自上而下

1. 便捷表达式

在本章的一开始，我们就提到函数式编程的思维是自上而下式的。Python 中也有不少体现这一思维的语法，如生成器表达式、列表解析和词典解析。生成器表达式是构建生成器的便捷方法。考虑下面一个生成器：

```
def gen():
    for i in range(4):
        yield i
```

等价的，上面程序可以写成**生成器表达式**（Generator Expression）：

```
gen = (x for x in range(4))
```

这一语法很直观，写出来的代码也很简洁。

我们再来看看生成一个列表的方法：

```
l = []

for x in range(10):
    l.append(x**2)
```

上述代码生成了表 1，但有更快的方式。**列表解析**（List Comprehension）是快速生成列表的方法。它的语法简单，很有实用价值。列表解析的语法和生成器表达式很像，只不过把小括号换成了中括号:

```
l = [x**2 for x in range(10)]
```

列表解析的语法很直观。我们直截了当地说明了想要的是元素的平方，然后再通过 for 来增加限定条件，即哪些元素的平方。除了 for，列表解析中还可以使用 if。比如下面一个更复杂的例子：

```
xl = [1,3,5]
yl = [9,12,13]

l  = [ x**2 for (x,y) in zip(xl,yl) if y > 10]
```

词典解析可用于快捷的生成词典。它的语法也与之前的类似：

```
d = {k: v for k,v in enumerate("Vamei") if val not in "Vi"}
```

你大概猜出它的结果了，可以在 Python 上验证一下。

2. 懒惰求值

Python 中的迭代器也很有函数式编程的意味。从功能上说，迭代器很多时候看起来就像一个列表。比如下面的迭代器和列表，效果上都一样：

```
for i in (x**2 for x in range(10)):
    print(i)


for i in [x**2 for x in range(10)]:
    print(i)
```

但我们在介绍迭代器时曾提到过，迭代器的元素是实时计算出来的。在使用该元素之前，元素并不会占据内存空间。与之相对应，列表在建立时，就已经产生了各个元素的值，并保存在内存中。迭代器的工作方式正是函数式编程中的**懒惰求值**（Lazy Evaluation）。我们可以对迭代器进行各种各样的操作。但只有在需要时，迭代器才会计算出具体的值。

懒惰求值可以最小化计算机要做的工作。比如下面的程序可以在 Python 3 中飞速运行完成：

```
a      = range(100000000)
result = map(lambda x: x**2, a)
```

在 Python 3 中，上面程序可以迅速执行。因为 map 返回的是迭代器，所以会懒惰求值[1]。更早之前的 range()调用返回的同样是迭代器，也是懒惰求值。除非通过某种方式调用迭代器中的元素，或者把迭代器转化成

[1] Python 2.7 中，range()和 map()返回的都是列表，所以是即时求值。

列表，运算过程才会开始。因此，在下面的程序中，如果把结果转化成列表，那么运算时间将大为增加。

```
a      = range(100000000)

result = map(lambda x: x**2, a)

result = list(result)
```

如果说计算最终都不可避免，那么懒惰求值和即时求值的运算量并没有什么差别。但如果不需要穷尽所有的数据元素，那么懒惰求值将节省不少时间。比如下面的情况中，列表提前准备数据的方式，就浪费了很多运算资源：

```
for i in (x**2 for x in range(100000000)):

    if i>1000:

        break;


for i in [x**2 for x in range(100000000)]:

    if i>1000:

        break;
```

除了运算资源，懒惰求值还能节约内存空间。对于即时求值来说，其运算过程的中间结果都需要占用不少的内存空间。而懒惰求值可以先在迭代器层面上进行操作，在获得最终迭代器以后一次性完成计算。除了用 map()、filter()等函数外，Python 中的 itertools 包还提供了丰富的操作迭代器的工具。

3. itertools 包

标准库中的 itertools 包提供了更加灵活的生成迭代器的工具，这些工具的输入大都是已有的迭代器。另一方面，这些工具完全可以自行使用 Python 实现，该包只是提供了一种比较标准、高效的实现方式。这也符合 Python“只有且最好只有一个解决方案”的理念。

```
# 引入 itertools

from itertools import *
```

这个包中提供了很多有用的生成器。下面两个生成器能返回无限循环的迭代器：

```
count(5, 2)      #从 5 开始的整数迭代器，每次增加 2，即 5, 7, 9, 11, 13 ...

cycle("abc")     #重复序列的元素，既 a, b, c, a, b, c ...
```

repeat()既可以返回一个不断重复的迭代器，也可以是有次数限制的重复：

```
repeat(1.2)      #重复 1.2，构成无穷迭代器，即 1.2, 1.2, 1.2, ...

repeat(10, 5)    #重复 10，共重复 5 次
```

我们还能组合旧的迭代器，来生成新的迭代器：

```
chain([1, 2, 3], [4, 5, 7])  # 连接两个迭代器成为一个。1, 2, 3, 4, 5, 7

product("abc", [1, 2])       # 多个迭代器集合的笛卡儿积。相当于嵌套循环
```

所谓的笛卡儿积可以得出集合元素所有可能的组合方式：

```
for m, n in product("abc", [1, 2]):
    print(m, n)
```

如下所示：

```
permutations("abc", 2)    # 从"abcd"中挑选两个元素，比如ab, bc, ……
                          # 将所有结果排序，返回为新的迭代器。
                          # 上面的组合区分顺序，即ab, ba都返回。

combinations("abc", 2)    # 从"abcd"中挑选两个元素，比如ab, bc, ……
                            # 将所有结果排序，返回为新的迭代器。
                            # 上面的组合不区分顺序，
                            # 即ab, ba，只返回一个ab。

combinations_with_replacement("abc", 2) # 与上面类似，
                    # 但允许两次选出的元素重复。即多了aa, bb, cc
```

itertools 包中还提供了许多有用的高阶函数：

```
starmap(pow, [(1, 1), (2, 2), (3, 3)]) # pow将依次作用于表的每个tuple。

takewhile(lambda x: x < 5, [1, 3, 6, 7, 1]) # 当函数返回True时，
                  # 收集元素到迭代器。一旦函数返回False，则停止。1, 3

dropwhile(lambda x: x < 5, [1, 3, 6, 7, 1]) # 当函数返回False时，
    # 跳过元素。一旦函数返回True，则开始收集剩下的所有元素到迭代器。6, 7, 1
```

包中提供了 groupby()函数，能将一个 key()函数作用于原迭代器的各

个元素，从而获得各个函数的键值。根据 key()函数结果，将拥有元素分组。每个分组中的元素都保留了键值相同的返回结果。函数 groupby()分出的组放在一个迭代器中返回。

如果有一个迭代器，包含一群人的身高。我们可以使用这样一个 key()函数：如果身高大于 180，返回"tall"；如果身高低于 160，返回"short"；中间的返回"middle"。最终，所有身高将分为三个迭代器，即"tall"、"short"、"middle"。

```
from itertools import groupby


def height_class(h):

    if h > 180:

        return "tall"

    elif h < 160:

        return "short"

    else:

        return "middle"



friends = [191, 158, 159, 165, 170, 177, 181, 182, 190]

friends = sorted(friends, key = height_class)


for m, n in groupby(friends, key = height_class):

    print(m)
    print(list(n))
```

注意，groupby()的功能类似于 UNIX 中的 uniq 命令。分组之前需要使用 sorted()对原迭代器的元素，根据 key()函数进行排序，让同组元素先在位置上靠拢。

这个包中还有其他一些工具，方便迭代器的构建：

```
compress("ABCD", [1, 1, 1, 0]) #根据[1, 1, 1, 0]的真假值情况，选择
                               # 保留第一个参数中的元素。A, B, C

islice()                       # 类似于 slice()函数，只是返回的是一个迭代器

izip()                         # 类似于 zip()函数，只是返回的是一个迭代器。
```

至此，本书介绍了 Python 中包含的函数式编程特征：作为第一级对象的函数、闭包、高阶函数、懒惰求值……这些源于函数式编程的语法，以函数为核心提供了一套新的封装方式。当我们编程时，可以在面向过程和面向对象之外，提供一个新的选择，从而给程序更大的创造空间。函数式编程自上而下的思维，也给我们的编程带来更多启发。在并行运算的发展趋势下，函数式编程正走向繁荣。希望本章的内容能对你的函数式编程学习有所助益。

后　　记

终于完成了这本 Python 教程，可以松一口气。写完一本书不太容易。即使是完稿之后，我还是重新过了三四遍稿子，改动了不少的地方。比如说，我在写对象名时，会习惯性地按照 Java 的代码规范写成 thisObject，而不是 PEP8 规定的 this_object。在我认为，thisObject 这样的写法更容易让对象和函数区分开。我当然可以这么做，PEP8 只是指导性的代码规范，而不是强制要求。但我又担心自己会误导读者。毕竟，代码不止是写给自己读的。如果用我的书写形式写成 Python 库，那么其他遵照 PEP8 的程序员在调用时会不会觉得奇怪？

反反复复思索了很久，直到有一天想到 Python 诞生时遵循的一个理念：

“如果常识上确立的东西，就可以遵照常识，没有必要过度纠结。”

于是，我选择了服从 PEP8 的代码规范，把书中的代码订正了一遍。

你瞧，Python 的理念已经开始在指导我。Python 吸引我的，正是这样一些旗帜鲜明的理念。这套理念甚至被整理成了一个打油诗。如果你在 Python 中运行：

import this

就可以调出这个名为“Python 之道”（The Zen of Python）的诗。

The Zen of Python, by Tim Peters

Python 之道

Beautiful is better than ugly.

美观胜于丑陋。

Explicit is better than implicit.

显示胜于隐式。

Simple is better than complex.

简单胜于复杂。

Complex is better than complicated.

复杂胜于过度复杂。

Flat is better than nested.

平面胜于嵌套。

Sparse is better than dense.

稀少胜于稠密。

Readability counts.

可读性需要考虑。

Special cases aren't special enough to break the rules.

即使情况特殊，也不应打破原则，

Although practicality beats purity.

尽管实用胜于纯净。

Errors should never pass silently.

错误不应悄无声息的通过，

Unless explicitly silenced.

除非特意这么做。

In the face of ambiguity, refuse the temptation to guess.

当有混淆时，拒绝猜测（深入的搞明白问题）。

There should be one-- and preferably only one --obvious way to do it.

总有一个，且（理想情况下）只有一个，明显的方法来处理问题。

Although that way may not be obvious at first unless you're Dutch.

尽管那个方法可能并不明显，除非你是荷兰人。(Python 的作者 Guido 是荷兰人，这是在致敬)

Now is better than never.

现在开始胜过永远不开始，

Although never is often better than *right* now.

尽管永远不开始经常比仓促立即开始好。

If the implementation is hard to explain, it's a bad idea.

如果程序实现很难解释，那么它是个坏主意。

If the implementation is easy to explain, it may be a good idea.

如果程序实现很容易解释，那么它可能是个好主意。

Namespaces are one honking great idea -- let's do more of those!

命名空间是个绝好的主意，让我们多利用它。

这并不是严格的逻辑和哲学理念。有的地方说法有矛盾，必须由读者在实践中取舍。但相信每个人都会被它乐观的理想主义氛围感染。在“Python 之道”里，世界是可知的，问题是可以解决的，美与简单是可以抵达的。当你学完了这本编程教程，开始上手 Python 项目时，你会需要类似的乐观主义。相信我，你一定会觉得写程序很辛苦，会觉得某个问题难以解决，会觉得学编程是一个错误。如果哪一天你没有类似的苦恼，那么你可能已经放弃编程了。

但如果你想继续，别忘了这首“Python 之道”，想一想有没有更简单的方法解决你的问题，找一找是否已经存在了那个最好且唯一的方法，甚至是先用一个不太好看但能用的方法。Python 讲究实用性。“实用胜于纯净”，Python 并非一味沉浸于理想主义。它为了解决现实问题而诞生，并正在解决大量的现实问题。学习编程的过程会有些辛苦，但如果有心，还请快快开始。毕竟，“现在开始胜过永远不开始”。相信我，学成之后你会看到一个不一样的次元。